# ÈVE ÉTAIT NOIRE

LE TEMPS DES SCIENCES

Claude ALLÈGRE, *L'Écume de la Terre.*
Claude ALLÈGRE, *Économiser la planète.*
Claude ALLÈGRE, *Introduction à une Histoire naturelle.*
Jacques ARSAC, *La Science et le sens de la vie.*
Jean-Pierre CHANGEUX, *L'Homme neuronal.*
Gilles COHEN-TANNOUDJI et Michel SPIRO, *La Matière espace-temps. La logique des particules élémentaires.*
Yves COPPENS, *Le Singe, l'Afrique et l'homme.*
Antoine DANCHIN, *L'Œuf et la poule. Histoire du code génétique.*
Jean-Pierre DIGARD, *L'Homme et les animaux domestiques. Anthropologie d'une passion.*
Pierre DOUZOU, *Le Chaud et le froid. Les conflits du vivant.*
Pierre DOUZOU, *Les Bricoleurs du septième jour.*
Pierre DOUZOU, *Nouveaux Regards entomologiques.*
John C. ECCLES, *Évolutions du cerveau et création de la conscience.*
Bernard D'ESPAGNAT et Étienne KLEIN, *Regards sur la matière. Des quanta et des choses.*
Bernard D'ESPAGNAT, *Le Réel voilé.*
Alain FOUCAULT, *Climat. Histoire et avenir du milieu terrestre.*
Stephen Jay GOULD, *Quand les poules auront des dents. Réflexions sur l'histoire naturelle.*
Claude HAGÈGE, *L'Homme de paroles.*
Émile HÉNOCQ, *Un mal étrange : l'allergie.*
François JACOB, *Le Jeu des possibles. Essai sur la diversité du vivant.*
Marc JEANNEROD, *Le Cerveau-machine. Physiologie de la volonté.*
Ervin LASZLO, *Aux racines de l'univers.*
André LEROI-GOURHAN, *Mécanique vivante. Le crâne des vertébrés, du poisson à l'homme.*
André LEROI-GOURHAN, *Le Fil du temps. Ethnologie et préhistoire 1920-1970.*
André LWOFF, *Jeux et combats.*
Paolo MAFFEI, *La Comète de Halley. Une révolution scientifique.*
Philippe MEYER, *L'Homme et le sel.*
Philippe MEYER, *La Révolution des médicaments. Mythes et réalités.*
Claude OLIEVENSTEIN, *Destin du toxicomane.*
Jean-Claude PECKER, *Sous l'étoile Soleil.*
Jean-Jacques PETTER, *Le Propre du singe.*
David et Ann PREMACK, *L'Esprit de Sarah.*
Jacques RUFFIÉ, *Traité du vivant.*
Émilio SEGRÉ, *Les Physiciens classiques et leurs découvertes. De la chute des corps aux ondes hertziennes.*
Émilio SEGRÉ, *Les Physiciens modernes et leurs découvertes. Des rayons X aux quarks.*
Pierre THUILLIER, *D'Archimède à Einstein. Les faces cachées de l'invention scientifique.*
Pierre THUILLIER, *Les Passions du savoir. Essais sur les dimensions culturelles de la science.*
TRINH XUAN THUAN, *La Mélodie secrète.*
Jean-René VANNEY, *Le Mystère des abysses. Histoires et découvertes des profondeurs océaniques.*
Daniel WIDLÖCHER, *Les Logiques de la dépression.*

Gérard Lucotte

# ÈVE ÉTAIT NOIRE

Fayard

*Le présent ouvrage est publié
dans la collection « Le temps des sciences »
grâce à la collaboration de Jean Staune.*

*à la mémoire d'Allan*

# Avant-propos

La journée du 25 mars 1987 restera longtemps gravée dans ma mémoire. J'avais été invité par Chris Stringer, du British Museum, à présenter les résultats de nos travaux sur le chromosome Y dans le cadre d'une conférence, « The origin and dispersal of modern humans : behavioural and biological perspectives », qu'il organisait à Cambridge [1].

Il flottait autour de moi ce je ne sais quoi si typique des grands colloques internationaux. Même pour des habitués, de telles rencontres sont des moments privilégiés. De même qu'au Moyen Âge des théologiens venaient de toute l'Europe pour débattre des « questions disputées », les savants du monde entier se retrouvent aujourd'hui pour discuter (en anglais et non plus en latin !) des grandes questions touchant la nature de l'Homme et du monde. Malgré leur technicité, les débats y sont souvent aussi passionnés que l'étaient les disputes théologiques du Moyen Age. Ce fut le cas en ce mois de mars 1987 à Cambridge, et on en comprendra facilement les raisons.

Avant que les progrès de la biologie ne montrent que toutes les races humaines font partie de l'espèce *Homo*

---

1. Le texte des communications à ce symposium a été publié par la suite : « The Human Revolution : behavioural and biological perspectives on the origins of modern humans », Mellars et Stringer (Eds), Edinburgh University Press, 1989. Pour un résumé, voir C.B. Stringer, P. Andrews, « Genetic and fossil evidence for the origin of modern humans », *Science* (1989), **239**, p. 1263-8.

*sapiens sapiens* et sont beaucoup plus proches les unes des autres que de toutes les autres espèces ou sous-espèces d'hominidés connues, certains scientifiques défendirent la thèse de l'origine séparée des races humaines. L'affirmation n'était pas toujours dénuée d'arrière-pensées... Prenons le cas de Louis Agassiz. Contemporain de Darwin, il fut l'un des plus célèbres biologistes de son époque. Il défendit d'abord la théorie de l'origine unique de toutes les races avant de devenir un partisan acharné de la théorie opposée.

Les extraits qui suivent d'une lettre écrite à sa mère lors de son premier voyage aux États-Unis permettent de comprendre les raisons de ce changement : « C'est à Philadelphie que je me suis retrouvé pour la première fois en contact prolongé avec des Noirs ; tous les domestiques de mon hôtel étaient des hommes de couleur. Je peux à peine vous exprimer la pénible impression que j'ai éprouvée, d'autant que le sentiment qu'ils me donnèrent est contraire à toutes nos idées sur la confraternité du genre humain et sur l'origine unique de notre espèce. Mais la vérité avant tout. Néanmoins, je ressentis de la pitié à la vue de cette race dégradée et dégénérée et leur sort m'inspira de la compassion à la pensée qu'il s'agissait véritablement d'hommes. En voyant leurs visages noirs avec leurs lèvres épaisses et leurs dents grimaçantes, la laine sur leur tête, leurs genoux fléchis, leurs mains allongées, leurs grands ongles courbes et surtout la couleur livide de leurs paumes, il m'est impossible de réfréner la sensation qu'ils ne sont pas du même sang que nous. »

Il est intéressant de noter que, *a contrario*, la plupart des cosmogonies traditionnelles affirment que l'espèce humaine est issue d'un couple originel. Adam et Ève dans notre Bible, Famagoztad et Zipaltonal chez les Indiens du Nicaragua, Tangaloa et O-te-papa chez les Polynésiens, principe mâle et principe femelle chez les Japonais ainsi que chez les Chinois. Cette affirmation de l'unicité de l'espèce humaine par d'anciennes mythologies est moins anecdotique qu'il n'y paraît.

Des études très poussées ont en effet montré une grande aptitude des peuples traditionnels à la classification des espèces. Ernst Mayr rapporte ainsi que pour désigner les 137 espèces d'oiseaux qu'il a identifiées en Papouasie, la tribu qui l'hébergeait employait 136 noms différents. Leur seule erreur était d'user d'un même mot pour désigner deux espèces différentes de fauvettes ! Les Kalam de Nouvelle-Guinée, comme les Indiens Tzeltal du Mexique, ne sont pas moins attentifs à la diversité. Chez ces derniers, une étude exhaustive a mis en lumière 17 erreurs seulement sur les 471 noms employés pour classer les plantes. Alors, faut-il croire les différentes traditions primitives qui affirment l'unicité de l'espèce humaine ?

Le débat peut sembler dépassé au lecteur non spécialisé, puisque nous avons dit plus haut que l'unité de l'espèce *Homo sapiens sapiens* n'était plus niée. En fait, la vieille querelle entre monogénistes et polygénistes est toujours d'actualité. Simplement, elle s'est déplacée. Personne ne nie plus que tous les hommes ont un ancêtre commun. Mais deux modèles coexistent chez les paléontologues. Selon les uns, les hommes actuels descendent tous d'une population d'*Homo sapiens* archaïques ayant vécu il y a près de 200 000 ans, et la différenciation de l'humanité en races est récente. Selon les autres, les différentes populations d'*Homo erectus* qui, ayant émigré hors d'Afrique, ont peuplé l'Europe et l'Asie ont évolué parallèlement, le processus aboutissant aux trois grandes races existantes : caucasienne, asiatique, négroïde. L'ancêtre commun remonte pour eux à plus de deux millions d'années.

Les deux modèles diffèrent donc par un facteur 10 en ce qui concerne la date présumée de l'ancêtre commun. En outre, dans le second, l'origine de l'*Homo sapiens* n'est plus unique mais multiple.

Or, justement, le but de cette rencontre à Cambridge, l'un des plus importants colloques internationaux consacrés aux origines de l'Homme, était d'étudier ces questions à la lumière des découvertes scientifiques les plus récentes.

Dès le premier jour, j'assistai comme prévu à de vifs échanges entre paléontologues monocentristes et polycentristes à propos notamment du peuplement de l'Australie, qui se produisit selon les premiers à partir d'*Homo sapiens* venus d'Afrique il y a 150 000 ans, alors qu'il commença, si l'on en croit les seconds, il y a plus de 1 million d'années, en partie grâce aux descendants des *Homo erectus* qui existaient déjà à Java.

Le deuxième jour fut l'occasion de présenter la première synthèse d'une nouvelle discipline : l'anthropologie moléculaire. En effet, les progrès accomplis dans la lecture des gènes et notre connaissance des mécanismes des mutations nous fournissent désormais une base objective pour calculer la proximité ou l'éloignement des différentes populations existant à la surface du globe.

En cette deuxième journée, les trois équipes de pionniers ayant effectué des recherches dans ce domaine se trouvaient réunies pour la première fois : celle de Wainscoat, qui avait fondé ses recherches sur la comparaison des gènes de l'hémoglobine, celle de Wilson, auteur de recherches sur une partie du génome qui est hérité de mère à fille et qui ne se recombine pas avec le génome du père lors de l'embryogenèse (il s'agit de l'ADN mitochondrial, dont l'étude a conduit à développer la fameuse théorie de « l'Ève africaine »), et ma propre équipe, qui, de façon complémentaire à celle de Wilson, avait travaillé sur une partie du génome transmis de père à fils uniquement (le chromosome Y). Les résultats des deux premières équipes avaient déjà été publiés, mais c'était la première fois que je présentais ceux de mon groupe. Cela explique sans doute l'impact qu'eut ma communication. (Je n'aurais jamais cru des Anglais — majoritaires dans la salle — capables de manifester un tel enthousiasme !) L'effet de nouveauté fut sans aucun doute renforcé par le fait que les trois recherches aboutissaient aux mêmes résultats. Nous disposions désormais d'une nouvelle méthode pour aborder le vieux problème de l'origine de l'Homme.

Depuis le colloque de Cambridge, nous avons poursuivi nos recherches sur les variants du chromosome Y chez les Africains. Wainscoat a cessé de s'investir aussi massivement dans la voie qu'il avait pourtant lui-même ouverte. Wilson est mort le 21 juillet 1991 (et ce livre lui est dédié), mais ses principaux élèves poursuivent son travail sur l'ADN mitochondrial en multipliant des approches moléculaires et informatiques hautement sophistiquées.

L'objet de ce livre, dont l'idée m'est venue ce jour de mars 1987, est de fournir la synthèse la plus complète des recherches en génétique moléculaire sur lesquelles est fondée la théorie de l'origine africaine de l'espèce *Homo sapiens*. Il rend compte des expériences que mon équipe et moi-même avons menées sur le chromosome Y, et donne une revue d'ensemble des résultats expérimentaux obtenus par le petit nombre d'équipes de recherche travaillant effectivement sur le sujet à partir d'autres types d'ADN. Il se veut représentatif de l'ensemble des résultats (concordants) obtenus en la matière, énoncés dans le cadre du contexte paléontologique d'où ils sont issus. Une attention toute particulière a été portée à l'examen critique des conséquences de ce type de données expérimentales.

Je suis parfaitement conscient de la nature périlleuse d'une telle entreprise, qui n'a pas fini de susciter le débat, en termes parfois fort vifs. Ainsi en a-t-il toujours été des recherches consacrées à notre propre origine...

*Paris, mars 1994*

# Introduction

Nous avons tous appris que l'Homme actuel dérive de son ancêtre fossile *Homo sapiens fossilis*, qui, plus connu sous le nom de Cro-Magnon, était tout à fait semblable à nous et vivait en Europe il y a environ 30 000 ans. Dans cette contrée, les Cro-Magnon ont pris le relais des Néandertaliens, qui occupèrent cette même région pendant une période comprise entre – 120 000 et – 40 000 ans, et constituaient une catégorie particulière d'hommes ayant acquis une spécialisation (concernant les formes du corps et du crâne) adaptée à la vie en périphérie des glaciers. Les *Homo erectus* (autrefois appelés Pithécanthropes) qui les ont précédés dans le temps, connus depuis 1,5 million d'années en Afrique, étaient déjà aussi de véritables Hommes, marchant debout, vivant en société et fabriquant des outils ; ils se sont par la suite répandus dans tout le reste de l'Ancien Monde (en Europe et en Asie).

La lignée *Homo* pourrait cependant être encore beaucoup plus ancienne. Les premiers Hommes dignes de ce nom ont été trouvés dans les gisements d'Oldoway et de Koobi Fora, au Kenya, dans des niveaux qui datent de 1,6 à 1,8 million d'années. Il s'agit du premier Homme indiscutable, nommé *Homo habilis* (Leakey, 1955) : ces fossiles sont associés avec des outils, des sols aménagés pour l'habitat et des aires de dépeçage du gibier (dont on a établi qu'il était chassé en collectivité). Leurs restes ressemblent à ceux des Australopithèques graciles, mais ils en diffèrent par une face moins prognathe, des dents semblables aux nôtres, et surtout un volume crânien très supérieur. Des restes d'*Homo habilis* ont été retrouvés depuis l'Afrique du Sud jusqu'en Éthiopie, où ils seraient encore plus anciens.

Les *Homo erectus* se sont éteints en Afrique du Nord et en Australie entre – 500 000 et – 200 000 ans, selon les sources. L'origine des Hommes modernes *(Homo sapiens)* est difficile à préciser, étant donné les difficultés de datation et de classement des fossiles ; ceux d'Europe viennent vraisemblablement du Proche-Orient, où ils existaient depuis au moins 80 000 ans. On sait d'autre part que les *Homo sapiens* archaïques peuplèrent l'Ancien Monde il y a environ 150 000 ans.

Les modèles théoriques explicatifs de la naissance des diverses espèces ne nous renseignent que de façon très générale sur les modalités de formation de la nôtre. Selon la théorie dite « des équilibres ponctués », le passage d'une espèce à une autre ne s'effectuerait pas progressivement au sein de populations de taille importante, mais serait au contraire un événement brusque, réalisé dans des groupes de faible effectif. Dans ces conditions, la recherche des « chaînons manquants » (formes transitoires entre deux espèces) constituerait une entreprise illusoire, les intermédiaires n'ayant pratiquement aucune chance de s'être trouvés fossilisés. D'autre part, une évolution graduelle des différents types humains pourrait expliquer la relative continuité observée dans la progression des fossiles, depuis *Homo habilis* jusqu'à nous. Si l'on admettait cette façon de voir, les dénominations d'*habilis*, d'*erectus*, de Neandertal et de *sapiens* ne devraient alors correspondre qu'à des stades successifs à l'intérieur d'une même espèce, et non à des catégories spécifiques différentes comme on le considère généralement.

Il y a longtemps que les généticiens ont pensé utiliser leurs marqueurs pour mieux appréhender les problèmes d'origine. Pour ce faire, les différentes populations aborigènes actuelles peuplant encore notre globe ont été sériées, de celles qui sont supposées être anthropologiquement les plus anciennes à celles jugées les plus évoluées, en ensembles discontinus de classements. A partir des résultats de ce type d'études, il est possible de construire des arbres phylogéniques retraçant les relations de parenté et précisant le degré d'éloignement supposé des divers groupes les uns par rapport aux autres.

Diverses catégories de marqueurs génétiques ont été utilisées dans ce but, et ces marqueurs ont été de plus en plus performants avec la progression dans la connaissance de ces systèmes. Les premiers systèmes connus, depuis le début du siècle, furent les groupes sanguins ABO (déterminés par les antigènes présents à la surface des globules rouges). Plus tard, d'autres systèmes de groupes sanguins sériques (les antigènes qui leur correspondent se trouvent dans le sérum) furent mis en évidence et appliqués à la comparaison des diverses populations. Enfin, un système immunologique cellulaire a été découvert plus récemment : le système majeur d'histocompatibilité (HLA = « Human Leucocyte Antigen ») ; celui-ci détermine l'acceptation ou le rejet de cellules et de tissus par les leucocytes d'un receveur. Une vaste synthèse des données relatives au HLA concernant les diverses interrelations parmi les populations à l'échelon mondial a été publiée il y a un peu plus d'une quinzaine d'années, mais il ne semble pas que les conclusions originales découlant de ce type de travaux aient été retenues par l'usage, bien que l'essentiel de l'enseignement qui a pu en être tiré ait été repris à l'occasion d'une récente compilation franco-suisse.

De nombreux variants de protéines et d'enzymes furent découverts entre 1960 et 1980, à partir de l'application de la technique d'électrophorèse. Dès 1978, Nei eut l'idée de comparer trois groupes de populations (africaine, européenne et est-asiatique) au regard d'un certain nombre de ces marqueurs ; les résultats qu'il obtint différaient selon que l'on s'adressait aux marqueurs de groupes sanguins (pour lesquels les similitudes étaient plus grandes entre les Africains et les Européens qu'entre les Européens et les Asiatiques) ou de protéines (dans ce cas les Européens étaient alors plus proches des Asiatiques que des Africains). Il est généralement admis que ce dernier type de marqueur, en principe peu soumis à l'influence de la sélection naturelle, présente plus de poids statistique que ceux des groupes sanguins. La conclusion principale de ces recherches était que la racine de l'arbre représentatif des filiations entre les diverses populations était située entre l'Afrique, d'une part, et l'Europe et l'Asie (l'Eurasie), d'autre part.

L'arbre généalogique des populations le plus complet dont on dispose à ce jour est celui qui a été proposé par Cavalli-Sforza en 1978 [1] ; il résulte de l'intégration des données concernant les différences génétiques et linguistiques entre les hommes qui peuplent la planète. Ce travail est fondé sur l'analyse des variations génétiques chez 42 populations différentes (7 en Afrique, 5 en Amérique, 5 en Océanie, 6 en Europe et 19 en Asie) ; les polymorphismes étudiés concernent 120 allèles, correspondant à des groupes sanguins, des variants électrophorétiques de protéines et d'enzymes, ainsi qu'à divers marqueurs du HLA ; les quelque 5 000 langues actuelles connues sont regroupées en 17 grandes familles linguistiques. Tous les groupes ont été

---

1. L. Cavalli-Sforza, A. Piazza, P. Menozzi, J. Mountain, « Reconstruction of human evolution : bringing together genetic, archaelogical and linguistic data », *Proc. Natl. Acad. Sci. USA* (1988), **85**, p. 6002-6.

comparés deux à deux, et l'ensemble des données disponibles a été analysé grâce à une méthode originale de traitement de données. L'arbre proposé, qui reconstitue l'évolution au cours du temps entre les différents groupes, a un tronc commun en Afrique, et c'est là qu'apparaît la première grande subdivision : entre Africains et non-Africains. Les Africains forment entre eux un groupe distinct (divisé en Pygmées, Bantous, Nilo-Sahariens). Une autre branche est constituée par les ancêtres de la grande majorité du reste de l'ensemble des autres populations (il va engendrer deux supergroupes, les Nord-Asiatiques et les Asiatiques du Sud-Est). Selon ce modèle, les populations se fragmentent au cours du temps et produisent des sous-groupes qui évoluent indépendamment les uns des autres, mais qui peuvent aussi se mélanger à d'autres populations d'évolution différente : par exemple, la population san (Bochimans du Botswana) serait le résultat d'un mélange très ancien d'une majorité d'Africains avec une minorité de Caucasiens qui, après un long périple indo-européen, seraient revenus en Afrique ; la branche nord-eurasiatique se ramifie en Caucasoïdes (les Européens actuels) et Asiatiques du Nord-Est (les Mongoloïdes du Nord), qui englobent les populations arctiques et les Amérindiens ; la branche du Sud-Est produit les rameaux des populations du Sud-Est asiatique continental et insulaire, des îles du Pacifique, de l'Australie et de la Nouvelle-Guinée. A quelques exceptions près, chaque famille linguistique correspond à l'une des six branches majeures de l'arbre.

Depuis une quinzaine d'années environ, les marqueurs ADN ont fait leur apparition. Ce sont les « Polymorphismes de Longueur des Fragments de Restriction » (ou PLFR), qui, comme prévu dès leur découverte, devaient nécessairement avoir des implications d'importance dans le domaine de la génétique des populations humaines et en anthropologie. Les deux principaux avantages que ces marqueurs présentent à cet égard sont d'une part leur nombre (potentiellement illimité) et d'autre part le fait que l'on peut utiliser les informations qu'ils permettent d'obtenir quelle que soit la fonction de la séquence d'ADN dont ils proviennent (et même si cette dernière n'a aucune fonction).

Le plan de travail initial prévoyait donc de comparer, sur le plus grand nombre possible de populations aborigènes, les fréquences à un maximum de marqueurs ADN, de façon à obtenir une information globale, statistiquement la moins biaisée possible. Une telle entreprise est actuellement en cours dans le laboratoire de Cavalli-Sforza, mais ce type d'approche suppose bien entendu une somme de travail telle (les polymorphismes de restriction sont expérimentalement beaucoup plus difficiles à étudier que les autres marqueurs ; le travail à effectuer est plus long, plus coûteux, et pour l'instant encore non automatisé) que seuls des résultats préliminaires ont pu être jusqu'ici publiés.

En revanche, pour des marqueurs ADN de systèmes génétiques particuliers, on dispose déjà d'informations substantielles et relativement définitives : l'ensemble des polymorphismes dans la région des gènes de la famille β-globine (travaux du laboratoire de J. Wainscoat) a donné des résultats initiaux concernant l'élucidation du problème de nos origines ; de plus, les systèmes génétiques extranucléaires comme l'ADN mitochondrial (travaux originaux de Wilson) et les marqueurs du chromosome Y (travaux de mon propre laboratoire) se sont montrés tout à fait propices à de tels développements, car ils permettent de préciser les contributions respectives de notre ascendance, par la voie des lignées maternelle et paternelle. C'est précisément le développement des méthodologies particulières à ces trois systèmes distincts qui fait l'objet du présent ouvrage.

Le consensus qui se dégage de la plupart des études de ce type, certes avec encore quelques imprécisions et contradictions, concerne la confirmation de la séparation initiale entre les populations africaines et non-africaines. Mais l'utilisation des marqueurs ADN a permis en outre de préciser la date d'apparition des premiers Hommes modernes, ainsi que leurs modalités d'expansion hors du continent africain. Le modèle qui semble désormais prévaloir, malgré des résistances parmi certains paléontologistes, est celui qui consiste à admettre que les Hommes modernes ont pris naissance en une aire focale africaine relativement circonscrite ; ils se seraient par la suite propagés rapidement à partir de ce point pour envahir le reste de l'Afrique puis l'ensemble du monde, remplaçant à cette occasion les autres populations humaines préexistantes. On connaît bien des exemples, préhistoriques ou historiques, de ces brusques expansions de populations. D'autre part, il est possible que l'avantage sélectif principal des populations d'Hommes modernes s'étant ainsi propagées soit dû au fait qu'ils devaient posséder un langage élaboré ; cela eut pour effet de renforcer les liens sociaux, de favoriser la communication lors de la mise en œuvre de techniques de chasse en groupe, et de permettre le transfert rapide de l'information utile lors des mouvements migratoires.

# 1

# L'Afrique et l'origine de l'Homme moderne : l'enseignement des restes fossiles

Au cours des dernières décennies, la paléontologie s'est surtout orientée vers la recherche de nos très lointains ancêtres. Les fossiles de la lignée humaine qui devraient pourtant nous intéresser le plus, ceux qui nous renseignent directement sur l'origine de l'espèce à laquelle nous appartenons l'Homme moderne *Homo sapiens sapiens*, n'ont que beaucoup plus récemment fait l'objet d'une théorisation systématique.

## *Homo habilis et Homo erectus*

Au moins deux autres espèces, à l'intérieur du genre *Homo*, ont vécu dans le passé. La plus ancienne, *Homo habilis* (nom indiquant la capacité de ces anciens hominiens à fabriquer des outils, de type Oldowien), date d'au moins deux millions et demi d'années et se caractérise de la façon suivante : la capacité cérébrale (volume de la boîte crânienne contenant l'encéphale) varie de 510 à 750 $cm^3$, soit 50 % de plus que celle des célèbres Australopithèques ; comparé à ceux de ces dernières espèces, le crâne cérébral est plus haut et plus arrondi ; la face ainsi que le système masticateur (mâchoires supérieure et inférieure) sont moins grands et moins projetés vers l'avant. Cette espèce vivait en Afrique orientale et en Afrique du Sud et, au moins en l'absence de formes fossiles comparables dans les autres parties du monde, autorise à faire de cette région le lieu de naissance de l'Homme (compris ainsi au sens générique large — l'ensemble des genres — du terme).

A – 1,5 million d'années, deux crânes (dont la capacité est voisine de 900 $cm^3$ — évoluant entre 850 et 1 100 $cm^3$) ont été décrits assez récemment, en provenance d'un site à l'est du lac Turkana ; leur morphologie est suffisamment différente de celle des *Homo habilis* pour qu'ils puissent être attribués à une autre espèce, *Homo erectus*, déjà bien connue depuis longtemps grâce à de très nombreux fossiles provenant de multiples gisements de l'Ancien Monde : à Java (s'étageant entre – 1 million d'années et – 400 000 ans, initialement décrits sous le terme de « Pithécanthropes » dans la région de Trinil, puis ensuite en divers points de Java), en Chine (« Sinanthropes » dans le gisement de Zhoukoudian, proche de Beijing, s'étageant entre – 800 000 / – 700 000 ans pour les formes les plus anciennes et jusqu'à – 400 000/– 300 000 ans), et en Afrique du Nord (Ternifine en Algérie et Salé au Maroc, pour des restes s'étageant entre – 700 000 et – 300 000 années). Les principales caractéristiques des *Homo erectus* sont les suivantes : leur capacité cérébrale varie de 800 à 1 200 $cm^3$ (ils font donc à cet égard le lien entre les *Homo habilis* et les *Homo sapiens).* Leur stature (estimée d'après les dimensions des os longs) était tout à fait comparable à la nôtre. Le crâne était bas, allongé, large à la base, avec un os frontal fuyant et un occipital très anguleux ; ils présentaient également de puissants reliefs osseux au-dessus des orbites, sur l'occipital et sur le temporal (un des traits les plus remarquables d'*Homo erectus* est d'ailleurs l'extraordinaire épaisseur des os, qu'il s'agisse de ceux de la voûte crânienne ou des os longs). La face ne différait guère de la nôtre par sa forme générale, si ce n'est par sa robustesse et son prognathisme (face projetée en avant).

La présence d'*Homo erectus* en Europe est vraisemblable car on dispose de nombreux témoignages (en particulier, à travers les outillages lithiques, c'est-à-dire l'industrie de la pierre, de type Acheuléen) de cette présence humaine sur notre continent il y a 500 000 ans et plus : mais les restes osseux les plus anciens sont trop fragmentaires pour que leur morphologie permette de les interpréter comme des *Homo erectus* incontestables. Dans l'ensemble, il est possible de dégager de ce bref survol concernant la répartition géographique et chronologique de cette espèce les deux conclusions essentielles suivantes : à la différence d'*Homo habilis*, *Homo erectus* a occupé tout l'Ancien Monde (à l'exception des parties les plus septentrionales, dont le climat était trop rude pour des hommes ne disposant encore que d'une technologie rudimentaire). Comme les fossiles de cette espèce les plus anciens sont est-africains et que ce n'est que vers – 1 million d'années (ou plus récemment) que l'on en trouve ailleurs, on peut imaginer un schéma de filiation vraisemblable selon lequel *Homo habilis* aurait évolué en Afrique orientale pour donner *Homo erectus* ; ce dernier (peut-être grâce aux débuts des progrès techniques qu'il avait réalisés) aurait colonisé progressivement tout l'Ancien Monde, constituant ainsi la strate de base de l'humanité, telle qu'elle nous apparaît dans sa répartition actuelle.

Les diverses populations géographiques d'*Homo erectus* se sont différenciées sous l'influence de la pression des milieux physique et biologique où elles se trouvaient, car on observe que les caractères qui leur sont spécifiques (propres) se sont progressivement affirmés : les *Homo erectus* qui vécurent au centre de la Chine il y a 400 000 ans étaient différents de ceux de Java. On constate aussi que, par comparaison avec les premiers colonisateurs, les fossiles les plus récents d'une même région montrent des différences, et que celles-ci sont plus ou moins accentuées selon les régions considérées (ainsi à Java, les calottes crâniennes de la Solo, assez tardives, ont la même forme que celles, beaucoup plus anciennes, de Trinil ; en revanche, en Chine, les Sinanthropes de Zhoukoudian sont à la fois plus grands que ce que nous apprennent les restes de la calotte crânienne de Lantian et de forme différente). Cette première diversification des formes humaines s'est donc produite il y a un million d'années, mais n'a cependant pas pu aboutir à la formation d'espèces régionales séparées. Par échanges de proche en proche, ou par migrations de plus grande ampleur, le flux génique (c'est-à-dire les transmissions de gènes, bien entendu par la voie des croisements) entre les populations fut suffisant pour maintenir l'unité biologique de l'espèce.

### *Modèles du « candélabre » et de l'« arche de Noé » relatifs à l'apparition d'Homo sapiens*

Depuis fort longtemps, les grandes théories relatives aux modalités d'apparition de l'Homme sur la Terre se divisent en deux catégories : les « polycentristes » considèrent que l'Homme serait apparu en plusieurs temps sur les différents continents, alors que, pour les « monocentristes », l'Homme aurait été créé en une fois, à la limite à partir d'un seul couple, et aurait par la suite occupé l'ensemble des aires géographiques disponibles.

Les résultats récents fournis par la génétique moléculaire concernant l'origine d'*Homo sapiens* (et dont l'ensemble de l'exposé des résultats obtenus fait l'objet de ce livre) peuvent se résumer schématiquement de la façon suivante, selon trois propositions principales :

— l'origine de l'Homme moderne serait africaine ;

— cet événement serait survenu il y a environ 100 000 ans ;

— à partir de ce lieu d'origine, l'Homme moderne aurait par la suite peuplé l'ensemble des autres continents, et cela en se substituant aux autres formes d'humanité existantes partout où elles s'étaient déjà installées.

Cette interprétation de notre origine va à l'encontre des positions adoptées par certains anthropologues, selon lesquels l'Homme moderne aurait dès le départ connu une répartition géographique beaucoup plus large, constituant d'emblée (plutôt que remplaçant) la plupart des populations initiales d'hommes primitifs.

Dès 1976, William Howells, de l'université d'Harvard, avait proposé deux scénarios possibles relatifs à l'origine d'*Homo sapiens* (figure 1) :

— Dans le *modèle du candélabre*, c'est dans chaque région de l'Ancien Monde que l'Homme moderne aurait évolué, et cela de façon indépendante (à partir des populations ancestrales d'*Homo erectus*), en passant par un stade intermédiaire dit « d'Homme archaïque ». Selon ce modèle, l'espèce *Homo sapiens* serait survenue à partir de diverses origines, sans qu'il soit nécessaire de supposer de quelconques mélanges entre les groupes ainsi constitués. L'une des conséquences de ce modèle est que les diverses populations géographiques d'Homme moderne doivent avoir de profondes racines, s'étant séparées les unes des autres depuis un très long intervalle de temps (peut-être de l'ordre du million d'années).

— Dans le *modèle dit « de l'arche de Noé »*, au

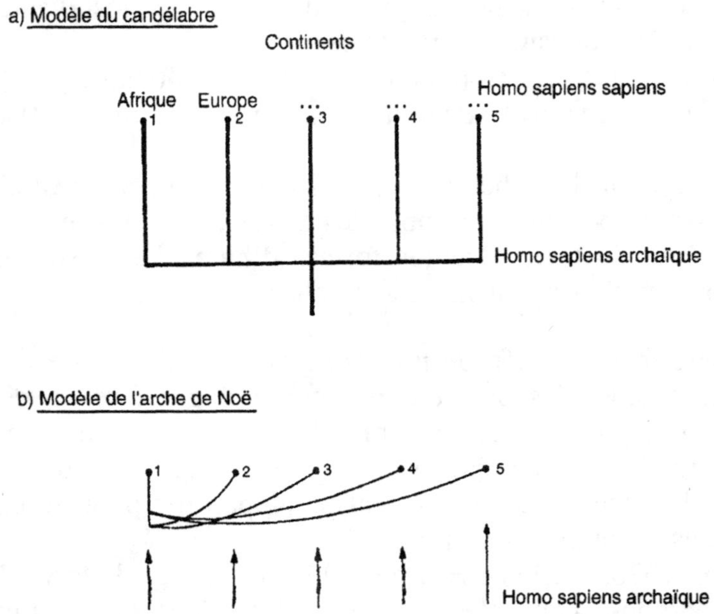


Figure 1. *Schématisation des modèles : (a) du candélabre, (b) de l'arche de Noé.*

Les continents (1, 2, 3, 4 et 5) sont représentés par des points sur la tranche horizontale du temps actuel. Dans le premier modèle, les racines d'*Homo sapiens* sont profondes (longues = Pléistocène précoce et moyen) au cours du temps, et séparées selon les divers continents. Dans le deuxième modèle, les racines sont récentes (courtes = Pléistocène tardif) et il n'y a qu'un seul lieu d'origine (par exemple l'Afrique) d'où rayonnent des migrations (pouvant s'étager successivement dans le temps) vers les autres continents.

contraire, *Homo sapiens* aurait pris naissance en un lieu géographique bien délimité (par exemple en Afrique) et, à partir de là, aurait émigré dans tout le reste de l'Ancien Monde. Selon ce modèle, les populations de *sapiens* — intermédiaires à partir d'*Homo erectus* — archaïques auraient donc été complètement remplacées par les nouveaux arrivants. Le modèle de l'arche de Noé est très différent du modèle précédent, puisqu'il admet une origine unique suivie de migrations extensives. Dans ce cas, les racines des différentes populations d'Homme moderne sont courtes et proviennent toutes d'une seule origine, relativement récente dans le temps.

Il est possible de tester la validité de l'un ou de l'autre de ces modèles en les confrontant aux caractéristiques de la morphologie et de la répartition géographique des formes fossiles observées. Dans le cas du modèle du candélabre, ce que l'on doit observer, c'est une continuité anatomique entre les restes fossiles successifs d'une même localité, dont les divers termes apparaîtront de façon à peu près simultanée dans les différentes régions. A l'opposé, dans le modèle de l'arche de Noé, le centre d'origine doit correspondre à des restes fossiles relativement plus anciens, et l'on doit observer une discontinuité entre deux formes fossiles différentes de chaque localité (le niveau de séparation étant d'autant plus récent que l'on s'adresse à des régions de plus en plus périphériques par rapport à l'aire d'origine).

Ces deux modèles (modèle dit « de continuité régionale » opposé au modèle dit « de remplacement ») représentent probablement une alternative extrême, et il est possible d'envisager toutes les situations intermédiaires : il se pourrait par exemple qu'il existe effectivement une origine géographique unique suivie de migrations, mais où les nouveaux arrivants se seraient en partie croisés avec les populations d'Hommes archaïques préalablement installées (modèle dit « de remplacement et d'hybridation »). De même, dans le modèle du candélabre, on pourrait supposer qu'il y ait eu des échanges génétiques d'une relative importance entre les différentes populations géographiques, y compris avec certaines branches actuellement éteintes ; au niveau des fossiles, ce que l'on observerait alors serait un mélange d'évidences en faveur de la migration ou des continuités locales, ces deux processus apparaissant en fait de façon beaucoup plus diluée. Il est en outre possible (modèle dit « d'assimilation ») que le remplacement se soit produit dans certaines contrées (par exemple en Europe), mais que la continuité prédomine dans d'autres régions plus périphériques (comme par exemple en Australie, correspondant à la phase terminale de la radiation).

Le terme d'« Homme archaïque », auquel nous avons déjà fait allusion, a été employé notamment à partir de 1984 par Günter Bräuer, de l'université de Hambourg, précisément dans le contexte de sa théorie sur l'origine africaine. On connaît en effet un certain nombre de fossiles (en Afrique, en Asie et en Europe) — dont certains remontent à plus de 300 000 ans (ils sont constitués principalement par des crânes ou des portions de crânes) — qui présentent, à la façon d'une mosaïque, des caractères anciens *(Homo erectus)* et des caractères modernes *(Homo sapiens)*.

La version la plus élaborée du modèle du candélabre est actuellement soutenue par Milford Wolpoff, paléoanthropologiste à l'université du Michigan, sous le nom de « modèle multirégional[1] ». Selon cette théorie, la diversité humaine que nous observons actuellement serait le reflet indirect de la radiation d'*Homo erectus* de l'Afrique, au Pléistocène inférieur et moyen ; par différenciation locale, il y aurait eu formation de diverses populations régionales qui ont changé

1. M. H. Wolpoff, X. Z. Wu, A. G. Thorne, « Modern *Homo sapiens* origins : a general theory of hominid evolution involving the fossil evidence from East Asia » *in* Smith et Spencer Ed., *The Origin of Modern Man*, New York, Alan R. Liss, 1984, p. 411-83.

progressivement au cours du temps — si l'on en croit une série de fossiles classés en « grades évolutifs » — jusqu'à l'avènement de l'Homme moderne dans les différentes contrées du monde.

Cette théorie a en fait des bases assez anciennes puisque Weidenreich, dès 1939, soutenait que les « types raciaux » observés actuellement dans des régions comme le Proche-Orient, l'Afrique du Sud et de l'Est, le nord de la Chine et l'Asie du Sud-Ouest dérivaient directement des formes locales d'*Homo sapiens* (ou même d'*Homo erectus*) des provinces continentales correspondantes. Il avait même suggéré l'existence de quatre grands « centres d'origine » — les Néandertaliens représentant notamment le stade de transition entre *Homo erectus* et les Européens modernes, les Australiens aborigènes dérivant des *H. erectus* indonésiens par l'intermédiaire de Ngandong. Une telle théorie polycentrique a été défendue avec ardeur par Coon en 1963 dans un livre sur les races humaines, qui eut à l'époque un certain retentissement.

Le rôle du flux génique aurait été de maintenir les similitudes entre les grades régionaux d'une même époque, empêchant ainsi la formation de nouvelles espèces géographiques (processus de spéciation), tout en autorisant cependant le développement et la persistance de particularités morphologiques en certaines aires de la distribution (et en particulier les aires périphériques). Selon ce modèle, les caractéristiques des grands groupes humains actuels seraient survenues (pour une part au moins) avant l'individualisation de l'espèce *Homo sapiens*, ses diverses particularités provenant directement des ancêtres locaux *Homo erectus*. Dans cette hypothèse, la survenue d'*Homo sapiens* aurait résulté de la continuation d'une tendance à long terme, inhérente à l'évolution humaine, et cela indépendamment du matériel génétique de départ sur lequel la pression de la sélection naturelle se serait exercée. Remarquons que, poussé à l'extrême, ce modèle peut facilement se passer de l'idée de la formation d'une nouvelle espèce : au cours du million et demi d'années passées d'évolution humaine, les *Homo erectus* se seraient ainsi progressivement transformés en *Homo sapiens* (il ne s'agirait plus dans cette hypothèse de deux espèces distinctes, mais de deux stades évolutifs de la même espèce *Homo sapiens*).

Certaines séries fossiles semblent effectivement plaider en faveur de la continuité : ainsi le crâne de Dali, dans le centre de la Chine (il n'est pas daté avec précision, mais on lui accorde environ 200 000 ans), est un intermédiaire presque idéal entre les *Homo erectus* de la région et les *Homo sapiens* ; le crâne de Maba, plus récent, est encore plus nettement *sapiens*. Depuis longtemps déjà, une telle modalité d'évolution « en continu » avait été envisagée pour des formes de l'Asie du Sud-Est. De même, si l'on en croit les restes fossiles trouvés en Australie, les hominidés de Sangiran seraient reliés aux aborigènes actuels par des intermédiaires morphologiques (comme Sambungmachan et Ngandong). On a aussi suggéré que des séries de ce type pouvaient exister en Afrique du Nord. Il semble toutefois important de faire remarquer que de telles séries continues n'ont été établies qu'à partir d'un petit nombre de fossiles.

### *Néandertaliens et sapiens*

Or, dans une région où l'on dispose d'un très grand nombre de restes fossiles, l'Europe de l'Ouest, il existe précisément des signes évidents de « remplacement ». Quoi qu'il en soit, cette contrée donna tout d'abord naissance à un rameau humain distinct des autres formes précédemment citées, celui des Néandertaliens.

Les premiers signes de cette morphologie particulière apparaissent sur des fossiles ayant plus de 300 000 ans : les crânes de l'Arago, dans les Pyrénées orientales, de Pétralona, en Grèce, et de Steinheim, en Allemagne, montrent déjà, par la face ou dans la région occipitale, les ébauches des caractères néandertaliens. Le groupe acheva son évolution au début de la dernière glaciation ; il occupait alors non seulement toute l'Europe, mais aussi le Proche-Orient. Ce type de restes fossiles est généralement associé à la culture « Moustérienne ».

*Homo sapiens neandertalensis* présente un ensemble de particularités (caractères dérivés, ou apomorphes) qui le distingue du reste des *Homo sapiens fossilis* : le crâne cérébral est aussi volumineux que le nôtre, mais il est très long, large et bas ; la face, allongée et large également, présente une région sous-orbitaire plane et oblique vers l'arrière (alors qu'elle est concave et disposée en façade dans le crâne moderne) ; les reliefs osseux sont restés très forts et il existe une série de détails de structure (par exemple sur le temporal et l'occipital) qui sont propres au groupe. Le squelette post-crânien (des os du corps), très robuste, présente lui aussi des aspects spécifiques, en particulier pour l'omoplate, le bassin et le fémur. Les conséquences physiologiques et fonctionnelles de ces traits singuliers sont souvent présentés comme le résultat d'un isolement biologique de cette population et/ou d'une adaptation au climat froid.

Cependant (à partir d'environ – 35 000 ans), les Néandertaliens ne résistèrent pas à l'arrivée des populations de morphologie moderne et de technologie plus avancée, les Cro-Magnon (terme synonyme de celui d'Homme moderne), qui les supplantèrent peu à peu à partir du Paléolithique supérieur. Les modalités de ce remplacement nous échappent encore, mais le gisement de Saint-Césaire (en Charente-Maritime) a apporté la preuve de la contemporanéité des deux formes depuis le début du Paléolithique supérieur (et probablement pendant plusieurs millénaires).

En fait, il est vraisemblable que les Néandertaliens ont été étroitement adaptés à l'environnement européen de la dernière glaciation et que les traces de cette adaptation se retrouvent chez eux : forme et proportions de leur corps, structure faciale bien particulière (nez projeté en avant, racine nasale volumineuse). Les Néandertaliens se sont aussi adaptés culturellement à ces conditions externes ; en témoignent les industries du Paléolithique moyen, le Moustérien.

A – 35 000 ans environ, deux nouvelles manifestations culturelles font leur apparition en Europe de l'Ouest : d'une part le Chatelperronien (en nette continuité avec le Moustérien local), et d'autre part l'Aurignacien (dont l'origine est plus difficile à établir). Alors que certains considèrent ces cultures comme deux adaptations locales d'une même population, la plupart des chercheurs pensent qu'elles peuvent être attribuées à deux groupes distincts : à un niveau Chatelperronien (Saint-Césaire) est associé un Néandertalien typique, alors qu'aucun site Aurignacien d'Europe n'a produit d'autres restes que ceux du type de l'Homme moderne. Les deux industries ont coexisté en Europe de l'Ouest entre – 35 000 et – 31 000, et on ne connaît pas de fossiles de transition entre les Néandertaliens et les Cro-Magnon, comme cela devrait être le cas s'il y avait eu continuité locale. Après cette période de vraisemblable cohabitation, on ne trouve plus de Néandertaliens. On en a déduit qu'ils s'étaient éteints (ou avaient été absorbés génétiquement) par les populations de morphologie plus moderne.

Les évidences de remplacement en Europe centrale et de l'Est sont moins claires, avec des indications en faveur de la continuité culturelle locale des industries du Paléolithique moyen et inférieur en certains endroits, mais pas dans d'autres. En Bulgarie (Bacho Kiro), une industrie du Paléolithique supérieur apparentée à l'Aurignacien a été datée de plus de 43 000 ans, mais elle est associée à un matériel humain trop fragmentaire pour pouvoir être identifié comme étant de type moderne ; en Yougoslavie (Vindiga Cave), des restes néandertaliens spécialisés remontent approximativement à 40 000 ans, et d'autres restes complètement modernes — dits Aurignaciens (Velika Pécina Cave) — à 34 000 ans.

En dehors de l'Europe et du Proche-Orient, les dates d'apparition de l'Homme moderne ne sont pas clairement documentées : on admet actuellement qu'il est apparu en Chine il y a environ 67 000 ans (Liujiang), en Australie il y a approximativement 55 000 ans ou plus tard, et 35 000 ans en Amérique, mais beaucoup d'auteurs indiquent 15 à 20 000 ans dans ce dernier cas (il faut signaler qu'en Amérique l'expansion des *sapiens* s'est opérée sur un continent vierge de toute autre espèce d'*Homo*).

On peut caractériser « l'Homme anatomiquement moderne », *Homo sapiens*, considéré ici comme synonyme de la sous-espèce *Homo sapiens sapiens*, de la façon suivante :

— le squelette est gracile (frêle), comparé à celui des autres espèces à l'intérieur du genre *Homo* ;

— le crâne est aussi volumineux que celui des Néandertaliens, mais plus court, plus élevé et arrondi ;

— les reliefs osseux crâniens (en particulier le torus — ou bourrelet — supra-orbitaire) sont considérablement réduits, voire absents ;

— la dentition et les structures qui la supportent sont également réduites en taille ;
— la face aussi est réduite ;
— en outre, on observe une éminence mentonnière.

L'espèce présente aussi des singularités de développement au cours de la croissance, ainsi que des adaptations comportementales et écologiques très particulières. Le prototype de tels hommes est connu du public sous le nom d'homme de Cro-Magnon ; nous avions tous appris en France que ces hommes vivaient dans le Sud-Ouest de notre pays, il y a de cela 30 000 ans environ.

*Les sapiens ont précédé les Néandertaliens au Proche-Orient*

Le problème des relations temporelles relatives entre Néandertaliens et *Homo sapiens* au Proche-Orient (point de passage géographique obligé entre l'Afrique et l'Eurasie) vient d'être élucidé, et les fossiles correspondants ont pu être datés avec précision. En Israël, les Hommes découverts au mont Carmel ont donné lieu dans le passé à de nombreuses controverses ; celles-ci portaient sur les divers événements évolutifs qui se sont déroulés dans cette région : les sites (datant de la fin du Pléistocène) de Tabün et de Skhül ont livré des spécimens d'hominidés présentant des ressemblances, tantôt avec les Néandertaliens d'Europe *(Homo sapiens* archaïques tardifs), tantôt avec les Cro-Magnon *(Homo sapiens* « modernes » précoces). En raison des incertitudes chronologiques et de la variation morphologique de ces populations, il avait été initialement supposé que ce groupe présentait une structure transitoire, et qu'il résultait peut-être d'hybridations entre Néandertaliens et Hommes modernes. Dans un premier temps, l'étude des faunes de mammifères associées sembla indiquer que les fossiles de Tabün (Neandertal) étaient plus anciens que ceux de Skhül *(Homo sapiens)*. Par la suite, l'étude des restes conservés dans les sites de Shanidar (en Irak), d'Amud et de Kebara (en Israël), a permis de préciser que leur morphologie correspondait à des formes néandertaliennes locales, alors que ceux de Qafzeh (également en Israël) ont ajouté une nouvelle collecte de squelettes d'*Homo sapiens*. La datation au radiocarbone d'un certain nombre de Néandertaliens de la région a montré qu'ils devaient être probablement vieux d'au moins 50 000 années, âge confirmé par les mesures fondées sur la thermoluminescence (– 60 000 ans pour le squelette de Kebara). Or, cette dernière méthode de datation a donné pour Qafzeh un âge de 92 000 ± 5 000 ans ; d'autres méthodes plus récentes (comme la mesure de spin des électrons) ont confirmé ces dates (– 115 000 ± 15 000 ans). Il en résulte donc :

— que des Hommes anatomiquement modernes avaient précédé les Néandertaliens au Proche-Orient ;

— que, par conséquent, les types de relations qui avaient été proposés dans le passé concernant la filiation directe Néandertal → Homme moderne dans cette région du monde ne pouvaient être retenus ;

— que ces deux formes ont coexisté, sans mélange apparent, pendant au moins 60 000 ans.

### *Les plus anciens fossiles de sapiens sont africains*

Il existe de nombreux restes fossiles en Afrique, et certains d'entre eux, répartis sur un vaste ensemble géographique, semblent intermédiaires entre les hominidés primitifs et les *Homo sapiens* : de tels fossiles « intermédiaires » ont été reconnus en des sites aussi divers que Florisbad (Afrique du Sud), Ngaloba (Tanzanie), Omo-Kibish (Éthiopie) et Djebel Irhoud (Maroc). Dans ces cas, il est souvent admis qu'il puisse exister une certaine continuité régionale entre les formes primitives et celles qui mènent à *Homo sapiens*.

Il est essentiel de noter que *les plus anciens Homo sapiens fossiles sont africains*. Des hommes de morphologie tout à fait moderne ont été découverts en Afrique subsaharienne, en des sites sud-africains (Klasies River Mouth) ou est-africains (Omo-Kibish), et datent d'environ 100 000 ans. Ce type de données avait conduit dans le passé un certain nombre d'auteurs à postuler que l'Homme moderne est d'origine africaine. Le modèle phylogénique (d'évolution) relatif à « *l'hypothèse sur l'origine sapiens afro-européenne* » (fondée sur la comparaison des formes sud-africaines) présentée par G. Bräuer au Ier Congrès international de paléontologie humaine à Nice en 1982 [1] constitue la forme théorique la plus élaborée de cette hypothèse. De façon remarquable, les données principales de ce modèle correspondent globalement aux propositions plus récentes de la génétique moléculaire.

Pour Bräuer [2], l'Homme moderne africain serait ancien (– 100 000 à – 70 000 ans). Cet auteur a postulé, selon le modèle « en grades », une évolution progressive d'*Homo sapiens* en Afrique ; il y a distingué trois étapes successives,

---

1. G. Bräuer, « Early anatomically modern man in Africa and the replacement of the mediterranean and european Neandertals », *in* H. de Lumley Ed., *L'Homo erectus et la place de l'homme de Tautavel parmi les hominidés fossiles*, Paris, CNRS, 1982, p. 112.

2. G. Bräuer, « A craniological approach to the origin of anatomically modern *Homo sapiens* in Africa and implications for the appearance of modern europeans », *in The Origin of Modern Man*, *op. cit.*, p. 327-410.

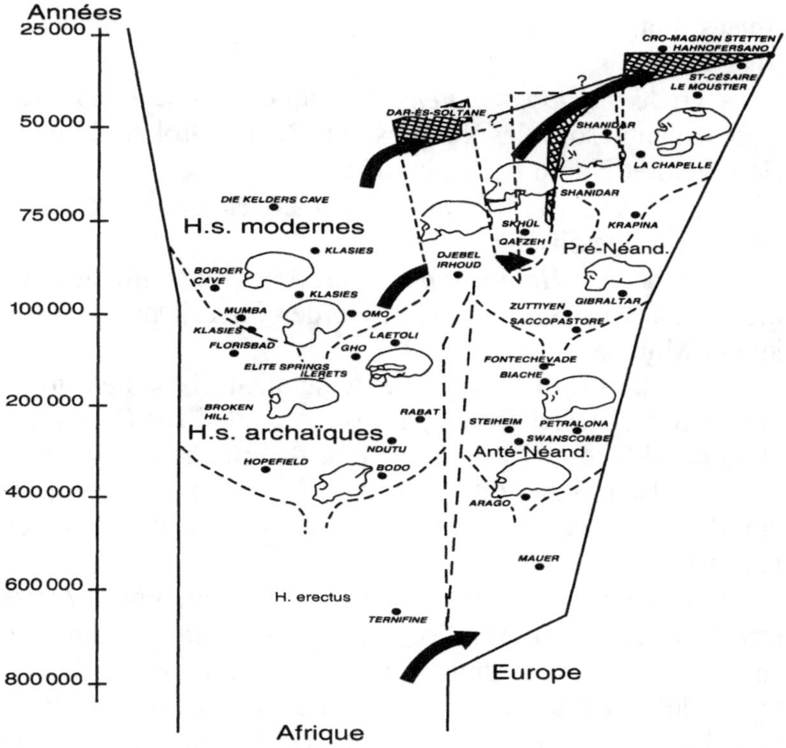


Figure 2. *Modèle phylogénique de l'évolution humaine en Afrique, en Europe et au Proche-Orient* (selon G. Bräuer, 1984).

L'axe vertical représente le temps, de – 800 000 à – 25 000 ans. Le long de cet axe sont disposés les noms (et les représentations craniologiques quand il y a lieu) des principales formes fossiles sur les deux continents (Afrique et Europe méridionale seulement). Aux Hommes fossiles archaïques africains succèdent, sur ce continent, les premiers *Homo sapiens* de type moderne : Klasies River Mouth, Border Cave et Omo-Kibish 1. La lignée humaine avait déjà envahi l'Europe (flèche noire du bas), entre – 800 000 et – 700 000 ans, donnant successivement naissance aux anté-Néandertaliens, pré-Néandertaliens, puis Néandertaliens d'Europe et Néandertaliens d'Afrique du Nord. Les autres flèches noires du haut de la figure indiquent les envahissements successifs par l'Homme moderne de l'Europe et de l'Afrique du Nord, en passant par le Moyen-Orient ; dans ces contrées, les nouveaux arrivants remplacent progressivement les populations déjà installées. Selon ce schéma, l'envahissement de l'Afrique du Nord serait plus tardif (quelques modifications de détail à ce schéma général ont été proposées par l'auteur depuis sa formulation initiale en 1982).

situées entre *Homo erectus* et *Homo sapiens* moderne (figure 2) :

— grade 1 : *Homo sapiens* archaïques précoces, dont les représentants sont les fossiles de Bodo, Broken Hill 1, Hopefield et Ndutu par exemple ;

— grade 2 : *Homo sapiens* archaïques tardifs, comme Omo 2 ou Laetoli 18 ;

— grade 3 : *Homo sapiens* précoces anatomiquement modernes, avec Klasies River, Border Cave, Omo 1, Kanjera et Mumba.

Les fossiles du troisième grade seraient divisés en groupes du Sud (Klasies River, par exemple), de l'Est (Kanjera), et du Nord-Ouest. Il y aurait de plus de grandes ressemblances entre les groupes du Sud et de l'Est, ce qui suggère qu'il aurait existé des connexions entre ces deux dernières régions.

Les principaux fossiles d'Afrique subsaharienne fournissant des indications sur l'origine d'*Homo sapiens* sont les suivants. En 1967, à Omo-Kibish (Éthiopie), ont été découvertes deux portions de crânes (en des localisations différentes), l'un d'eux étant en partie associé à un squelette. Ils étaient recouverts de sédiments contenant des mollusques qui, datés par l'uranium (méthode cependant inadéquate pour ce cas précis), remonteraient à 130 000 ans environ ; par la suite, des datations au carbone marqué ont indiqué 40 000 ans environ pour une couche bien plus élevée dans la section correspondante (de telle sorte que ces fossiles doivent être beaucoup plus vieux que 40 000 ans). Le crâne numéro 2 (Omo 2) présente une combinaison curieuse de caractères modernes et archaïques, alors qu'Omo 1 (bien plus fragmenté, mais qui a pu être reconstitué) est moins archaïque et associé à un squelette gracile de type plus moderne. La forme d'ensemble du crâne reste incertaine après reconstitution, en raison de l'absence de contact entre les fragments conservés de la face et de la voûte ; mais les parties bien préservées de la mandibule (mâchoire inférieure) du crâne et du squelette présentent des caractéristiques modernes. Contemporain des Néandertaliens d'Europe, le squelette d'Omo 1 illustre bien l'évidence de l'évolution précoce d'*Homo sapiens* en Afrique.

Une séquence bien connue (remontant à l'âge moyen de la pierre) provient du site de Klasies River Mouth, sur la côte du Cap (en Afrique du Sud). Les dépôts de Klasies ont fourni une assez grande quantité de matériel humain, ainsi qu'une faune de mollusques, d'oiseaux et de mammifères. La séquence stratigraphique et l'analyse isotopique de l'oxygène des coquilles situent le début de l'occupation à Klasies au commencement du dernier interglaciaire (il y a 120 à 130 000 ans). Les restes humains ont été découverts dans les couches les plus anciennes, associés aux industries dénommées MSA I et MSA II. Le plus intéressant des fossiles, MSA I, est une mandibule assez endommagée où manquent toutes les dents antérieures, et dont les parties alvéolaires sont fortement résorbées (à cause de l'âge du fossile, ainsi que d'une vraisemblable pathologie osseuse). Du fait de ces altérations, les mesures ont été difficiles à prendre, mais il a été possible d'établir que le corps mandibulaire en question était assez lourd. Il comporte en outre une éminence latérale comparable à celle des mâchoires modernes et un trigone mentonnier (la protrusion du menton étant accentuée par l'incurvation de la symphyse sous la marge alvéolaire endommagée). Sur la face intérieure, il n'y a ni planum alvéolaire, ni torus supérieur, et aucun détail du squelette du corps n'indique la morphologie archaïque. Cette mâchoire est donc celle d'un homme complètement moderne. D'autres restes crâniens (mandibulaires et dentaires) à MSA II sont encore plus fragmentaires. Les mandibules varient considérablement en taille ; l'une d'entre elles est très petite et gracile, et a dû appartenir à une femme ; les autres sont plus massives, et l'un des spécimens est même assez robuste. La plupart des aspects de l'anatomie des mandibules de Klasies sont cependant inclus dans l'éventail de variations de ce que l'on peut attendre pour une population d'Hommes modernes. Des études récentes de la couche basale, menées au moyen de différentes méthodes de datation, ont montré que ces fossiles étaient âgés de 95 000 à 110 000 ans.

Les fossiles les plus importants proviennent de Border Cave, dans le nord-est de la province du Natal, toujours en Afrique du Sud. Cette région a connu une longue occupation à l'âge moyen de la pierre, et l'étude de la séquence sédimentaire et de l'industrie (ainsi que les datations au carbone marqué) a montré que ce site avait été habité avant le début du dernier interglaciaire (les restes ont plus de 50 000 ans). Les fossiles sont constitués de parties mandibulaires et de crânes de trois individus adultes, ainsi que du squelette d'un enfant. Si l'on en croit l'analyse de la portion de sol attachée au crâne partiel découvert, l'âge de ce dernier serait (par mesure isotopique de l'oxygène) de plus de 100 000 ans (une étude récemment publiée, fondée sur la méthode de résonance de spin des électrons, suggère 60 000 à 80 000 ans). L'étude morphologique et biométrique de ces restes, ainsi que leur comparaison avec ceux des Africains actuels, ont démontré que tous les hommes de Border Cave avaient une anatomie moderne.

En guise de conclusion à ce chapitre introductif, consacré à ce que nous considérons comme l'enseignement le plus important apporté par les fossiles, la carte de la figure 3 donne un schéma représentatif de l'expansion d'*Homo*

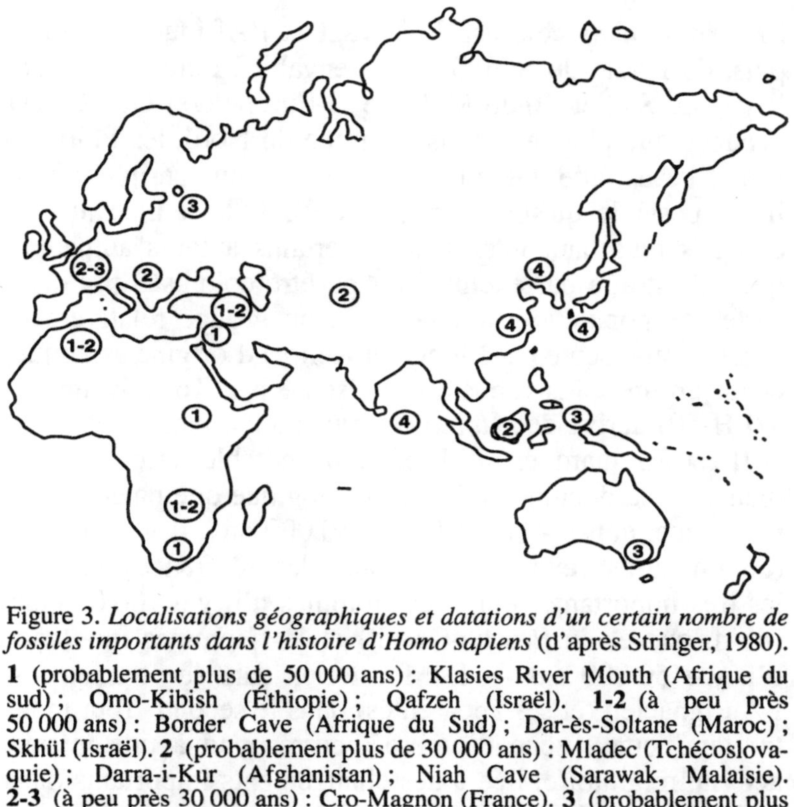


Figure 3. *Localisations géographiques et datations d'un certain nombre de fossiles importants dans l'histoire d'Homo sapiens* (d'après Stringer, 1980).
**1** (probablement plus de 50 000 ans) : Klasies River Mouth (Afrique du sud) ; Omo-Kibish (Éthiopie) ; Qafzeh (Israël). **1-2** (à peu près 50 000 ans) : Border Cave (Afrique du Sud) ; Dar-ès-Soltane (Maroc) ; Skhül (Israël). **2** (probablement plus de 30 000 ans) : Mladec (Tchécoslovaquie) ; Darra-i-Kur (Afghanistan) ; Niah Cave (Sarawak, Malaisie). **2-3** (à peu près 30 000 ans) : Cro-Magnon (France). **3** (probablement plus de 20 000 ans) : Sungir (ancienne Union soviétique) ; Tabon (Philippines) ; Mungo/Willandra Lakes (Afrique). **4** (probablement plus de 10 000 ans) ; Bataodomba lena (Sri Lanka) ; Liujiang (Chine) ; Zhoukoudian Upper Cave (Chine) ; Minatogowa (Japon).

*sapiens* dans l'Ancien Monde (à partir d'une origine africaine Pléistocène tardif). Cette carte interprétative globale est due à Chris Stringer[1], du département de Paléontologie au British Museum, partisan fervent de l'origine africaine d'*Homo sapiens* : à partir de l'Afrique subsaharienne,

1. C. Stringer, « The dates of Eden », *Nature* (1988), **331**, p. 565.

l'*Homo sapiens* colonise le Levant et l'Afrique du Nord ; puis, de l'Asie du Sud-Ouest, il envahit l'Europe centrale, l'Asie du Sud et l'Indo-Malaisie ; l'Europe de l'Ouest n'est occupée que plus tard, puis l'Europe du Nord, les Philippines et l'Australie. Pour les contrées les plus périphériques, il est possible qu'une combinaison des deux mécanismes évoqués plus haut intervienne : certains auteurs admettent que l'Australie par exemple ait pu être colonisée par deux sortes de populations fondatrices : un groupe relativement gracile (représenté par Mungo et Keilor) d'origine asiatique, et un groupe plus robuste (représenté par Kow Swamp et WLH-50) dérivé des *Homo erectus* indonésiens.

Il est à remarquer qu'il existe un notable « trou », aussi bien dans la documentation archéologique que paléoanthropologique, entre – 100 000 et – 50 000 ans. Il y a en effet (comme nous l'avons déjà signalé) des différences culturelles très importantes entre les Hommes d'il y a 100 000 ans (d'Afrique et du Proche-Orient) et les Hommes modernes d'il y a 50 000 ans — le Moustérien dans le premier cas, l'Aurignacien (et ses apparentés) dans le second. Tout montre que cette « zone d'ombre » correspond à une intense activité migratoire, liée à des changements importants dans les mœurs des Hommes d'alors. Selon cette vision des choses, la morphologie de type moderne aurait donc *précédé* l'apparition des comportements évolués.

# 2

# Les marqueurs génétiques

Les pierres des industries lithiques, ainsi que les ossements et les dents des restes fossiles, ne constituent pas les seuls indices à partir desquels il est possible de reconstituer notre passé. L'examen attentif de la variation des produits de nos gènes (que sont les protéines et les enzymes) permet de mettre en évidence certaines différences individuelles transmissibles. Celles-ci constituent autant de « marqueurs génétiques », qui, pris dans leur ensemble, peuvent être comparés et comptabilisés dans les populations ou dans les divers groupes humains. Les premiers marqueurs de ce type à avoir été utilisés en anthropologie sont les groupes sanguins (ABO, MN et Rh), étudiés selon les techniques immunologiques. Avec l'avènement de la technique d'électrophorèse (qui consiste à faire passer un mélange de protéines déposées sur un support dans un courant électrique), d'autres marqueurs ont pu être employés, comme les variants de charge des protéines du sérum (par exemple l'hémoglobine, l'haptoglobine et la transferrine), ou des enzymes du globule rouge. Les ensembles classiques les plus variables (et donc les plus informatifs) sont ceux des molécules de l'immunité : principalement les immunoglobulines sériques (polymorphisme GM), et surtout celles du système des antigènes d'histocompatibilité (HLA).

## *L'apport des marqueurs ADN*

Depuis une quinzaine d'années environ, une nouvelle catégorie, les marqueurs de l'ADN, ont fait leur apparition. En raison de la qualité de leur apport, ils sont de plus en plus utilisés de par le monde, et l'expression « anthropologie moléculaire [1] » (nom donné à la discipline scientifique qui les étudie) leur correspond spécifiquement. Par rapport aux autres types de marqueurs, désormais plus traditionnels, ils présentent en effet un certain nombre d'avantages qui expliquent leurs succès. Détectés par étude de la variation des sites d'enzymes de restriction (nucléases spécifiques coupant la molécule d'ADN en des endroits bien déterminés), ils sont d'abord le reflet direct de la variabilité génétique au niveau de l'information primaire contenue dans nos cellules. Par ailleurs, la variation ainsi détectée peut potentiellement porter sur l'ensemble de la molécule d'ADN, aussi bien dans ses régions codant pour les protéines que dans toutes les parties non codantes du génome (topographiquement beaucoup plus abondamment représentées) et qui ne sont pas exprimées au niveau du phénotype. Enfin et surtout, il y a tout lieu de penser que ces marqueurs ADN constituent une réserve quasi inépuisable de variants : on estime, sur la base d'étude de séquençage d'ADN, qu'environ une base sur 100 est variable, ce qui donne pour un génome humain comportant de l'ordre de $10^9$ paires de bases (pb) une quantité approximative de $10^7$ variants potentiels, qui pourront être utilisés massivement dans l'avenir, aussi bien pour comparer les différentes populations humaines entre elles

---

1. G. Lucotte, *Introduction à l'anthropologie moléculaire*, Paris, Lavoisier-Technique et documentation, 1990.

que pour tenter de parvenir à percer le mystère de nos origines.

Actuellement, et dans l'attente d'une vaste synthèse portant sur l'ensemble des variants de l'ADN dans toutes les populations humaines, ce type de recherche ne s'applique vraiment qu'aux portions de génome impliquant trois ensembles de marqueurs : ceux des gènes du groupe de la famille β-globine, ceux de l'ADN mitochondrial, et ceux d'une petite famille de séquences anonymes situées sur le bras long du chromosome Y. Ces résultats, qui ne sont obtenus qu'avec ces trois types de marqueurs, éclairent pourtant largement le problème de l'origine d'*Homo sapiens*. Ils sont exposés dans les chapitres qui vont suivre.

La plus importante technique d'étude des marqueurs de l'ADN que nous utilisons est schématisée par la figure 4. Elle comporte les principales étapes suivantes. L'ADN est tout d'abord extrait, à partir des cellules ou des tissus (généralement le sang), dans des conditions expérimentales douces qui altèrent le moins possible son intégrité. Il est ensuite fragmenté (digéré) par une enzyme de restriction (enzyme qui reconnaît l'ADN double brin en des sites particuliers, et coupe à leurs niveaux). Les fragments de restriction sont séparés selon leur taille par électrophorèse sur gel d'agarose et, après dénaturation (séparation des deux brins), sont transférés par microcapillarité sur une membrane (de nitrocellulose ou de Nylon). Ainsi exposés, ils peuvent être hybridés avec une sonde (séquence spécifique correspondant à un gène particulier) marquée radioactivement, généralement au phosphore radioactif = $^{32}P$ (de façon à émettre un signal visible à l'expérimentateur) ; enfin, par autoradiographie (procédé analogue à la radiographie) de la membrane, on aboutira à une visualisation très précise de la séquence cor-

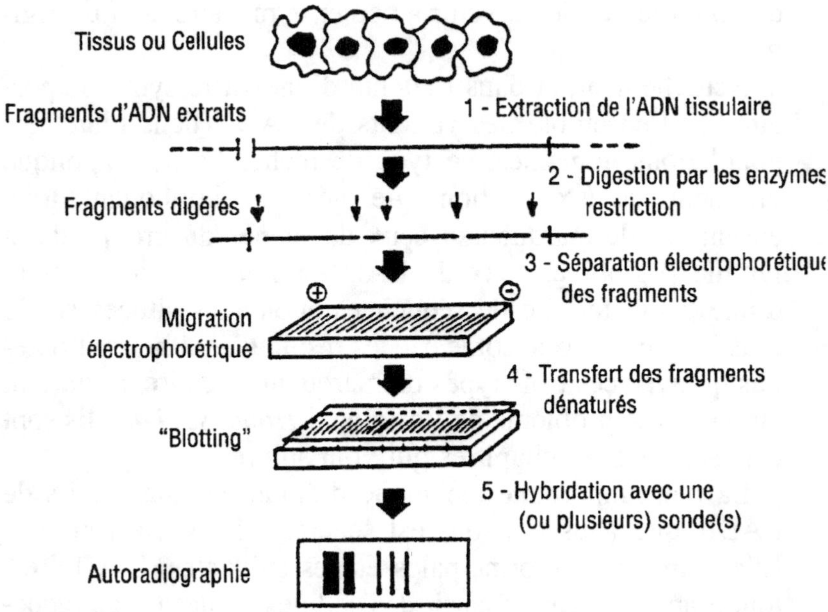


Figure 4. *Schéma des différentes étapes expérimentales (et du résultat obtenu à chaque étape) depuis l'extraction de l'ADN cellulaire jusqu'à l'autoradiographie d'une séquence correspondant à un gène unique.*
L'étape de transfert des fragments de restriction du gel au filtre est nommée « procédure de Southern », d'après le nom de l'inventeur de la technique.

respondant à la sonde dans le génome, parmi l'ensemble des séquences qui y sont présentes.

Comment une telle technologie permet-elle de révéler la variabilité des séquences ? Pour bien comprendre l'intérêt des modalités d'une telle détection (de nature généralement complexe dans les situations réelles), prenons l'exemple simple (figure 5) d'un gène d'une longueur de 1 kilobase (kb) = 1 000 bases, flanqué à sa droite et à sa gauche de deux régions adjacentes de 1 kb de long chacune. Les limites (extérieures par rapport au gène) de ces deux séquences

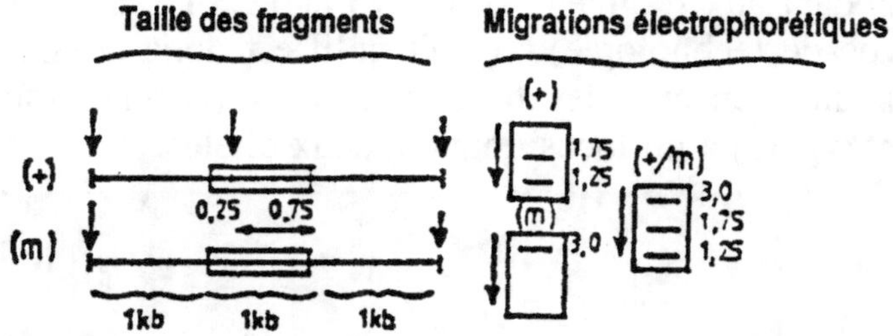


Figure 5. *Fragments de restriction dans le cas d'ADN provenant d'individus normaux (+/+) = +, mutants (m/m) = m, ou hétérozygotes (+/m) pour une mutation ponctuelle au niveau des sites de restriction.*

La partie gauche du dessin représente les tailles (en kb) des fragments, et la partie droite les dessins des fragments autoradiographiés. A gauche, les flèches indiquent les sites de restriction, et la zone encadrée sur chacun des chromosomes la région reconnue par la sonde.

adjacentes sont celles résultant de la coupure par une enzyme de restriction quelconque qui, dans le cas du type normal, coupe aussi à l'intérieur du gène, à 0,25 kb de l'extrémité gauche.

Après autoradiographie, la migration électrophorétique d'un ADN individuel homozygote (c'est-à-dire avec deux copies identiques) pour une telle forme présentera deux fragments de restriction à : 1 + 0,75 = 1,75 kb et à 1 + 0,25 = 1,25 kb. Supposons maintenant qu'une seule mutation ponctuelle (par exemple une substitution de base) change, à l'occasion d'une différence individuelle (m), le site interne de reconnaissance de l'enzyme, de telle sorte que celle-ci ne coupe donc plus à ce niveau ; la migration électrophorétique de l'individu homozygote pour m ne présentera alors qu'un seul fragment autoradiographié à 1 + 1 + 1 = 3 kb. L'hétérozygote (c'est-à-dire avec deux copies dissemblables) m/+ montrera quant à lui une image de sommation résultante de l'addition des composantes génétiques de chacun de ses chromosomes homologues, correspondant aux fragments à 3, 1,75 et 1,25 kb. En utilisant ce type de technologie, on voit qu'il est donc possible de reconnaître chacun des trois génotypes (normal, mutant, hétérozygote) à un locus donné à deux allèles.

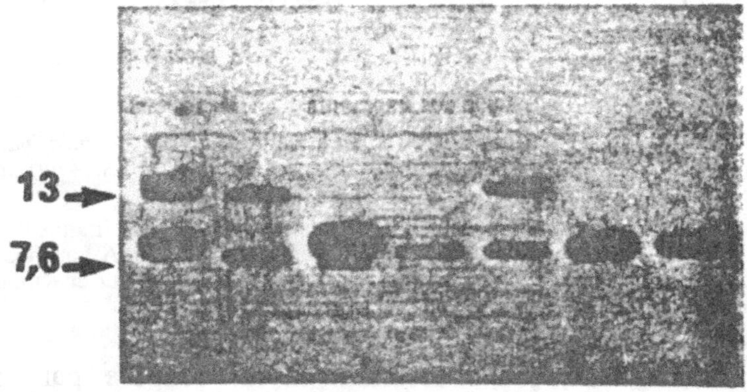


Figure 6. *Exemple de variants de l'ADN mis en évidence par la technique d'hybridation moléculaire sur filtre (digestion par l'enzyme de restriction HpaI).*

Chaque colonne verticale représente la piste d'un ADN individuel sur le gel. A partir de la gauche, les individus n[os] 3, 4, 6 et 7 sont homozygotes 7,6 kb, et les deux premiers et le cinquième sont hétérozygotes 13-7,6 kb.

A titre d'exemple, la figure 6 montre comment de tels variants sont visibles sur les autoradiogrammes : après digestion par l'enzyme de restriction nommée HpaI et hybridation d'ADN individuels par une sonde correspondant au gène codant pour la β-globine, deux bandes peuvent apparaître ; soit à 13 kb, soit à 7,6 kb ; les individus étudiés peuvent ne présenter qu'une bande (intense) à 7,6 kb (ils sont homozygotes 7,6 kb), deux bandes à 13 et 7,6 kb (ils sont hétérozygotes 13-7,6 kb), ou, plus rarement, une seule bande à 13 kb (ils sont homozygotes 13 kb).

En fait, un tel type de technologie peut nous apprendre encore beaucoup plus sur la variation individuelle : remarquons tout d'abord qu'une substitution de base peut aussi survenir à l'intérieur de l'un des sites adjacents. Dans le cas, par exemple, d'une telle substitution au site droit de la figure 5, les fragments autoradiographiés seront alors de 1,25 kb pour la partie des séquences située à l'extrémité gauche et d'un autre fragment (qui débute à 0,25 kb de l'extrémité gauche du gène et va jusqu'au prochain site de restriction, non figuré, à l'extrémité droite). Il est donc possible à l'aide de cette technique d'étudier la variabilité, non seulement au niveau des séquences codantes du gène mais aussi dans leurs régions extérieures. Il est aussi possible de faire intervenir plus d'une (deux, trois...) substitutions, et ce simultanément. Enfin, la technologie visualisera aussi les effets des délétions (ou des insertions), qu'elles aboutissent à la perte ou au gain d'un site de restriction ou qu'elles n'interviennent que par leurs effets sur la taille des fragments autoradiographiés. C'est donc l'ensemble des réarrangements chromosomiques et des mutations ponctuelles (dans le meilleur cas) susceptibles d'intervenir lors de phénomènes de variation individuelle qui est repérable par ce type de technique, d'où son importance considérable pour l'étude de la variabilité au niveau des gènes.

On nomme polymorphismes de longueur des fragments de restriction (PLFR) de tels variants : le mot « polymorphismes » indique des différences individuelles génétiquement déterminées ; « restriction » montre que ces polymorphismes sont détectés grâce à l'utilisation des enzymes de restriction et que la variation ainsi mise en évidence porte sur des différences individuelles dans les séquences de bases au niveau des sites de reconnaissance et de coupure de ces enzymes ; enfin ces variants sont révélés à l'expérimentateur, à la lecture des autoradiogrammes, par des différences de « longueur des fragments de restriction » ainsi obtenus.

*La détection des PLFRs*

Plusieurs stratégies optimales de recherche des PLFRs ont pu être proposées[1] : lorsque l'expérimentateur dispose d'une sonde correspondant à un gène donné, comment procédera-t-il pour avoir le maximum de chances de détecter des PLFRs ?

Une première série de considérations portent sur le nombre d'individus à tester. Si l'on désigne par $p > q$ la fréquence de l'allèle le plus représenté (avec *r*, le nombre d'allèles, = *2n*, c'est-à-dire deux fois l'effectif de la population étudiée), la probabilité de non-détection par la technique d'un allèle rare (présent à moins de 1 % dans la population) dans un échantillon de *n* individus sera $(1-q)^{2n} = p^{2n} = p^r$ (*q* représente, au système diallélique considéré, l'allèle le moins fréquent, avec, du point de vue des fréquences, $p + q = 1$). Calculé au risque de 5 %, et en prenant 0,1 comme seuil, il faut par exemple tester vingt individus pour $q = 0{,}05$, dix pour $q = 0{,}10$ et huit pour $q = 0{,}15$. La conséquence pratique de ces constatations est qu'il suffit de tester 8 à 10 individus (ce qui correspond au nombre minimal d'échantillons pouvant être effectivement déposés sur un seul gel) pour détecter la plus grande partie des polymorphismes marginaux, c'est-à-dire ceux dont la fréquence de l'allèle le plus rare oscille entre 0,10 et 0,30 ; en procédant ainsi, pratiquement tous les polymorphismes les plus fréquents pourront être détectés.

---

1. F. Bastié-Sigeac, G. Lucotte, « Optimal use of restriction enzymes in the analysis of human DNA polymorphisms », *Hum. Genet.* (1983), **63**, p. 162-5 ; F. Bastié-Sigeac, E. Mornet, G. Lucotte, « Stratégies de détection des polymorphismes de l'ADN dans les populations humaines », *Rev. franç. transf. immuno-hématol.* (1985), **28**, p. 27-44.

Une autre stratégie, pour un nombre minimal d'individus étudiés donné, consiste à utiliser le plus grand nombre d'enzymes de restriction possible (correspondant par conséquent à autant de spécificités différentes). L'expérimentateur sera alors rapidement confronté au coût des enzymes utilisées. Lesquelles choisir ? En fait, la plupart des enzymes de restriction disponibles reconnaissent des séquences à 6 ou 4 bases (A = adénine, T = thymine, G = guanine, C = cytosine, qui sont les bases de l'ADN). On comprend intuitivement que (en admettant que les bases sont réparties de façon aléatoire le long du génome) les enzymes à 4 bases couperont toutes les $4^4 = 256$ bases, alors que celles à 6 le feront toutes les 4 096 bases.

En fait, les bases ne sont bien entendu pas disposées de façon aléatoire le long du génome humain, où l'on sait que la proportion (A + T)/(G + C) = 1,45, et que certains doublets de bases sont plus fréquents (comme CT = 1,24) et d'autres plus rares (comme CG = 0,37). Il n'en reste pas moins que lors de la recherche systématique des polymorphismes, l'expérimentateur aura tout intérêt à choisir des enzymes qui coupent fréquemment l'ADN (en un grand nombre de petits fragments), car elles permettront la visualisation de nombreuses bandes, chacune d'entre elles présentant la possibilité d'être variable. Une enzyme de restriction très utile à cet effet est HaeIII (qui reconnaît et coupe le site GGCC).

Une stratégie de détection des polymorphismes très utilisée est celle qui consiste à tester en premier les enzymes de restriction nommées TaqI (TCGA) et MspI (CCGG), qui reconnaissent des sites à 4 bases contenant le doublet CG. Bien que plus rarement représentés le long du génome que ne le voudrait le hasard, on sait que la cytosine y est modifiée (sous forme d'une méthylation) et qu'elle représente chez la bactérie un point chaud de mutation (c'est-à-dire un endroit où les mutations sont fréquentes). Le fait que bon nombre de polymorphismes soient détectés par les enzymes TaqI et MspI (comme toutes deux ont en commun dans leur site le doublet CG, reconnu — méthylé ou non — selon ces deux enzymes) va également dans le sens de l'existence de points chauds en ces sites au niveau du génome humain.

L'utilisation des enzymes coupant court n'est cependant pas dénuée d'inconvénients : celles qui couperont trop court produiront en effet des fragments dont la taille sera inférieure à la limite de visualisation des petits fragments sur le gel (de l'ordre de 300 pb), et qui transféreront mal du gel au filtre à l'occasion de la mise en œuvre de la technique. A l'inverse, l'observation de deux bandes adjacentes n'est possible sur les autoradiogrammes que lorsqu'elles sont séparées par une distance d'au moins 2 mm ; il en résulte qu'un nombre important de polymorphismes portant sur des sites voisins le long du génome ne seront pas visibles [1], et cela notamment dans le cas des grands fragments de restriction.

### *Des PLFRs par milliers*

Depuis le premier rapport sur le PLFR HpaI flanquant le gène β-globine [2], de très nombreux autres polymorphismes de restriction ont été découverts. La motivation principale

---

1. E. Mornet, G. Lucotte, « Theoretical considerations on the sensitivity of electrophoresis in the Southern method for human DNA polymorphisms detection », *Bio-Sciences* (1986), **5**, p. 195-6.
2. Y. W. Kan, A. M. Dozy, « Polymorphism of DNA sequence adjacent to human β-globin structural gene : relationship to sickle mutations », *Proc. Natl. Acad. Sci. USA* (1978), **75**, p. 5631-5.

de ce type de recherches est la suivante : il avait été prédit qu'il suffisait d'un nombre total de 150 PLFRs séparés et répartis sur l'ensemble du génome humain (22 autosomes + les chromosomes X et Y) pour cartographier n'importe quel gène de localisation inconnue. Cette estimation est fondée sur le fait que la longueur génétique totale du génome humain est de 3 300 centimorgans (1 centimorgan = 1 % de recombinaisons méiotiques), alors que la longueur physique (en paires de bases) par génome haploïde est à peu près de $3 \times 10^9$ ; ce qui revient à dire qu'une distance de 1 million de paires de bases entre deux sites ADN polymorphes équivaut à une distance génétique de l'ordre de 1 % ; par conséquent, une distance de 20 % — et cela peut être facilement mis en évidence au terme des analyses classiques de ségrégation des marqueurs considérés par examen d'un petit nombre de familles informatives (c'est-à-dire celles où la transmission de ces marqueurs pourra être effectivement étudiée) — correspond à un nombre approché de 20 millions de paires de bases. Le nombre de 150 PLFRs avancé plus haut (quotient de $3 \times 10^9 / 2 \times 10^7$) présuppose que les marqueurs ADN soient distribués de façon séquentielle à une distance de 20 millions de paires de bases les uns des autres, et que les échanges entre chromosomes homologues (du père et de la mère) lors de la méiose (procédé d'échange des chromosomes lors de la phase de formation des cellules reproductrices) soient répartis au hasard le long du génome. Dans ces conditions, en effet, un quelconque caractère héréditaire d'intérêt devra nécessairement coségréguer avec l'un de ces 150 PLFRs, ce qui permet par conséquent de préciser sa localisation.

A titre d'exemple, le tableau 1 donne la localisation chromosomique de toutes les séquences (codantes pour des gènes, ou ne correspondant pas à des séquences traduites =

Tableau 1. *Nombres de séquences connues (fin 1985) du génome humain, chromosomiquement localisées et polymorphes.*

| Chromosomes numéros | Séquences de gènes | | Séquences arbitraires | | Total | |
|---|---|---|---|---|---|---|
| | Nombres | Polymorphes | Nombres | Polymorphes | Nombres | Polymorphes |
| 1 | 24 | 6 | 7 | 4 | 31 | 10 |
| 2 | 16 | 5 | 9 | 4 | 25 | 9 |
| 3 | 6 | 3 | 11 | 10 | 17 | 13 |
| 4 | 12 | 7 | 37 | 30 | 49 | 37 |
| 5 | 7 | 2 | 4 | 4 | 11 | 6 |
| 6 | 16 | 6 | 15 | 10 | 31 | 16 |
| 7 | 10 | 3 | 13 | 5 | 23 | 8 |
| 8 | 8 | 4 | | | 8 | 4 |
| 9 | 6 | 3 | 5 | 3 | 11 | 6 |
| 10 | 4 | 1 | 4 | 2 | 8 | 3 |
| 11 | 18 | 11 | 23 | 10 | 41 | 21 |
| 12 | 15 | 5 | 7 | 5 | 22 | 10 |
| 13 | 4 | 1 | 31 | 12 | 35 | 13 |
| 14 | 9 | 4 | 12 | 3 | 21 | 7 |
| 15 | 6 | | 7 | 4 | 13 | 4 |
| 16 | 6 | 4 | 3 | 1 | 9 | 5 |
| 17 | 16 | 5 | 2 | 2 | 18 | 7 |
| 18 | 4 | 1 | 5 | 2 | 9 | 3 |
| 19 | 14 | 5 | 8 | 5 | 22 | 10 |
| 20 | 3 | | 6 | 3 | 9 | 3 |
| 21 | 4 | 2 | 65 | 27 | 69 | 29 |
| 22 | 7 | 4 | 12 | 6 | 19 | 10 |
| X | 12 | 5 | 202 | 63 | 214 | 68 |
| Communs X-Y | 1 | | 26 | 9 | 27 | 9 |
| Y | 2 | | 27 | 3 | 29 | 3 |
| Non localisés | | | 18 | 18 | 18 | 18 |
| Total | 230 | 87 | 559 | 245 | 789 | 322 |

anonymes) connues à la fin de l'année 1985. Ce tableau donne également le nombre de PLFRs chromosomes-spécifiques connus à cette date, et il en ressort que le nombre total de 150 PLFRs répartis à égale distance les uns des autres le long du complément chromosomique était (à cette date déjà) probablement assez près d'être atteint. Ont suivi ensuite les premières cartes chromosomiques individuelles, ou de bras chromosomiques, permettant la mesure précise des distances génétiques entre marqueurs PLFRs, en ordre séquentiel le long d'une région chromosomique particulière.

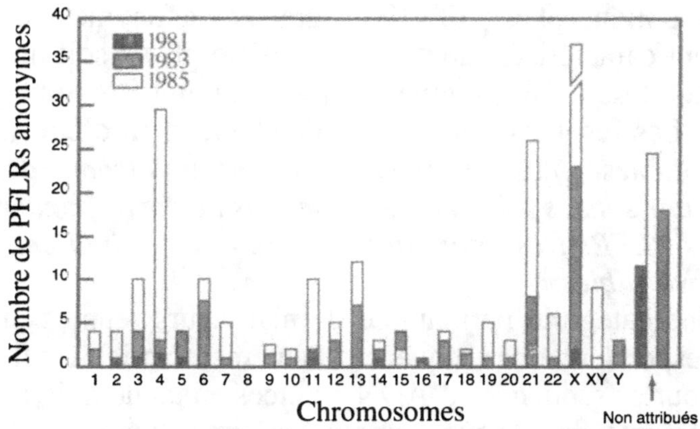


Figure 7. *Nombre de marqueurs ADN anonymes par chromosome.*
Sur chaque barre de l'histogramme sont donnés les nombres répertoriés de tels marqueurs en 1981, 1983 et 1985.

La figure 7 rend compte d'une autre façon de la progression rapide des connaissances en matière de polymorphisme des marqueurs humains. Le point en la matière est régulièrement effectué à l'occasion des réunions HGM (Human Gene Mapping), tous les deux ans. Cette figure montre l'augmentation exponentielle du nombre de marqueurs anonymes (c'est-à-dire non situés à l'intérieur d'une séquence codante et traduite) répertoriés sur les différents chromosomes humains en 1981, 1983 et 1985 (ce nombre a encore augmenté en 1987 et était en progression en 1989). Le nombre total des marqueurs anonymes était déjà en 1985 de près de 250, et pratiquement tous les chromosomes (à l'exception du chromosome n° 8) comportaient au moins un marqueur polymorphe. On se rend compte que, dès cette époque, le catalogue de ce type de marqueurs dépassait de plus de dix fois celui des autres marqueurs polymorphes classiques.

Pour 1989, les travaux de HGM10 ont été publiés. Le nombre des gènes humains clonés était alors de 945 dont 391 polymorphes ; 3 417 segments anonymes d'ADN étaient caractérisés, dont 1 495 polymorphes : soit un nombre total de 4 362 fragments clonés, dont 1 896 sont variables. Les résultats relatifs à HGM11 viennent d'être rendus disponibles : *plus de 10 000 loci sont maintenant détectables par sondes ADN et, bien que tous ne correspondent pas à des PLFRs très informatifs, environ la moitié d'entre eux sont variables.*

Une catégorie particulière de marqueurs réunit ceux qui correspondent à des séquences hautement variables. Il s'agit de courtes séquences d'ADN répétées en tandem, le nombre d'éléments de chaque tandem variant selon les individus (n'importe quel individu dans la population est pratiquement hétérozygote à ces locus). Ils présentent de grandes potentialités d'application en génétique des populations et en anthropologie, mais nous n'y ferons allusion que de façon très brève dans le présent ouvrage, car ils n'ont pas encore été massivement utilisés à cet effet. Les tout derniers marqueurs polymorphes mis en évidence concernent de très courtes séquences répétées (par exemple CA) dans le génome humain ; or, ils sont extraordinairement nombreux...

# 3

# La représentation des relations entre populations fondées sur les fréquences des marqueurs génétiques

Dès 1918, Hirzfeld et Hirzfeld montraient que les groupes sanguins au système ABO variaient selon les populations et l'origine ethnique. Dans sa synthèse de 1950, Boyd a établi d'autre part qu'il était possible d'assigner une population à son ethnie d'origine par l'étude des groupes sanguins aux systèmes ABO, MN et Rh. Il était alors évident qu'à mesure des progrès réalisés dans la connaissance d'un nombre de plus en plus élevé de marqueurs, il serait possible de reconstituer l'histoire d'un ensemble de populations au cours de l'évolution humaine. La première construction de ce type date de 1964 et a eu pour résultat l'établissement d'un arbre, fondé sur les données de cinq gènes variables comparés dans quinze populations, précisant les relations de parenté entre certains groupements ethniques. Cet arbre fut ensuite amélioré, par adjonction de nouveaux marqueurs. Nei a été le premier (en 1978) à démontrer, sur la base des marqueurs classiques, que les Africains représentaient le groupe le plus ancien.

## *Les différents types de représentation*

Le point de départ pour la constitution d'un arbre est l'obtention des fréquences d'allèles aux marqueurs étudiés

— qu'ils correspondent à des groupes sanguins, des variants de charge électrique des protéines du sérum ou des enzymes des globules rouges — ou d'allèles au système HLA (la démarche est exactement la même pour les marqueurs ADN). Le paramètre désigné sous le nom de fréquence (d'un allèle) correspond au pourcentage, rapporté à 1. Par exemple, l'albumine du sérum peut présenter trois phénotypes, dont deux homozygotes AA et BB, et un hétérozygote AB ; l'allèle *a* est plus fréquent et l'allèle *b* est rare. Le nombre des différents phénotypes à ce marqueur, par exemple dans une population indienne particulière, est de : 1 individu BB, 113 individus AA, et 37 individus AB. En additionnant deux fois le nombre d'individus AA (qui ont deux doses de l'allèle *a*) et une fois le nombre d'individus AB (qui n'en ont qu'une), on obtient le nombre total d'allèles *a* dans cette population ; cette quantité rapportée à deux fois l'effectif *(N)* étudié donne la fréquence de l'allèle *a* dans ce groupe, soit 0,871 (c'est-à-dire 87,1 %). Par le même type de calcul, on peut déterminer la fréquence de l'allèle *b* (soit deux fois le nombre d'homozygotes + une fois le nombre d'hétérozygotes, rapportés à deux fois *N*), 0,129, qui est bien égale à 1 – 0,871.

*Notion de distance génétique*

Plusieurs marqueurs peuvent être étudiés à l'occasion de la comparaison de deux populations, et il devient alors possible de calculer les distances génétiques[1] entre les deux groupes, fondées sur les fréquences des marqueurs. Supposons que pour un marqueur donné *K*, il existe *i* allèles distincts dans deux populations *A* et *B* différentes. Désignons par $a_1$, $a_2$, $a_3$... les fréquences alléliques de *K* dans la population *A*, et par $b_1$, $b_2$, $b_3$... les mêmes fréquences dans la popu-

1. G. Lucotte, *Génétique des populations*, Paris, Interéditions, 1983.

lation *B*. Pour ce marqueur, on calcule la similitude génétique $I_K$ entre ces deux populations par la formule

$$I = \frac{\Sigma\, a_i b_i}{\sqrt{\Sigma a_i^2\, \Sigma b_i^2}}$$

où $a_i b_i$ représente les produits $a_i b_i$, $a_2 b_2$, $a_3 b_3$..., et $\Sigma$ leur somme. Cette similitude représente finalement la probabilité normalisée pour que deux allèles de chacune de ces deux populations soient identiques. Si l'on désigne maintenant par $I_a$, $I_b$, $I_{ab}$ les moyennes arithmétiques pour tous les marqueurs étudiés par $\Sigma a_i^2$, $\Sigma a_i^2$ et $\Sigma a_i b_i$, l'identité génétique entre les deux populations sera calculée par $I = I_{ab} / \sqrt{I_a I_b}$ ; la distance génétique sera alors $D = -\log I$. Ce type de calcul de distances entre deux populations peut être étendu à plusieurs populations prises deux à deux. Les comparaisons des distances entre différentes populations sont données sous forme de tableaux à double entrée, où les distances entre ces populations sont calculées deux à deux. A partir de ce type de tableaux, il est possible de donner une visualisation des relations entre les différentes populations ainsi comparées.

On pourrait intuitivement penser que la façon la plus simple d'obtenir la distance génétique entre deux populations pour un gène à deux allèles consiste à calculer la différence entre leurs fréquences : si l'on désigne par $x$ et $y$ ces fréquences, la distance sera simplement $x - y$. En calculant la moyenne de ces fréquences pour l'ensemble des gènes étudiés, il est possible de négliger le signe de la différence, et lors des applications statistiques il est plus correct de tenir compte du carré de la différence $(x - y)^2$. Cette mesure simple de la distance est cependant insatisfaisante, car les fréquences géniques proches de 0 et de 1 ont alors moins de poids que celles qui sont intermédiaires. Ce problème peut être atténué en calculant la distance $d = x-y / [2P (1 - P)]$, où $P$ est la fréquence de la forme ancestrale commune à toutes les populations comparées (en fait, la fréquence génique moyenne calculée pour les populations étudiées).

Un paramètre fréquemment utilisé est la quantité $F_{st}$ (nommée variance de Wahlund), qui se calcule de la façon suivante : $F_{st} = Vp / \bar{p} (1 - \bar{p})$, où $Vp$ est la variance entre les fréquences géniques dans un ensemble de $n$ populations, et $\bar{p}$ leur fréquence moyenne. Lorsqu'on ne compare que deux populations, les deux équations précédentes donnent le même résultat. En raison des propriétés de la variance, la moyenne des valeurs de $d$ entre toutes les paires possibles de populations comparées deux à deux dans les $n$ populations étudiées est égale à $F_{st}$ entre ces $n$ populations ; une autre propriété intéressante de $F_{st}$ est que la distance entre deux ensembles formés de $n_1$ et $n_2$ populations peut être calculée en faisant la moyenne des distances entre les $n_1 \times n_2$ paires de populations formées par toutes les combinaisons deux à deux possibles entre les membres de ces deux ensembles. On voit donc qu'il est possible de calculer les mêmes distances à un locus, soit en calculant comme plus haut les allèles les uns après les autres et en en faisant la moyenne, soit en considérant comme ici le locus avec ses allèles dans son ensemble. Enfin, la valeur $F_{st}$ est proportionnelle au temps évolutif $t$, augmentant sous l'influence de la différenciation selon $d = F_{st} = 1 -$ exponentielle $(- t / 2N)$. La distance $D$ utilisée lors des études d'évolution = –log.naturel $(1 - d) = t / 2N$ ; la proportionnalité au temps est réalisée quand $d < 1$, et la constante est $1 / 2N$.

*L'analyse en composantes principales*

Il existe deux types de représentations possibles des relations entre populations d'après les marqueurs génétiques. Celles du premier type reposent sur la méthode de l'analyse en composantes principales (un procédé statistique classique de réduction des dimensions avec perte minimale de l'information). La plupart des données (pour les fréquences géniques et les populations comparées) comportent une certaine redondance interne, qui peut être mesurée par la corrélation entre gènes parmi deux groupes étudiés : deux populations identiques auront une corrélation de 1, et, lorsqu'elles se différencieront l'une de l'autre au cours de l'évolution, leur corrélation s'abaissera. Il en résulte que la corrélation entre deux populations pourra servir à mesurer l'étendue de la divergence entre elles à partir de leur origine commune. La distance est l'opposé de la corrélation (puisqu'elle est de 0 pour deux populations identiques), et elle augmente avec les différenciations. Finalement, les matrices de corrélation et de distance entre paires de populations donnent donc une représentation symétrique de la même grandeur.

L'analyse en composantes principales est réalisée de la façon suivante. Prenons le cas de deux marqueurs comparés dans cinq populations. Dans un premier temps, portons sur un diagramme cartésien les fréquences de ces deux marqueurs en abscisses et en ordonnées, les cinq populations étant alors représentées par cinq points. Une droite peut être tracée entre ces cinq points de telle façon que la somme des distances des points à la droite soit minimale. On nomme premier axe principal la ligne, orthogonale par rapport à la droite, où les fréquences des deux marqueurs sont projetées en cinq points *p*1, *p*2, *p*3, *p*4 et *p*5 (caractéristiques des cinq populations), et cela à partir d'une échelle arbitraire (choisie de telle sorte que ces cinq points aient une moyenne de 0 et une variance égale à 1). Nous avons ainsi transformé les données originales et perdu de l'information, mais simplifié le résultat puisque nous obtenons maintenant des données linéaires. Il est ensuite possible d'ajouter les données d'un troisième marqueur en trois dimensions, et de projeter les fréquences des trois marqueurs sur un deuxième axe principal ; la procédure peut être poursuivie en *n* dimensions (autant de dimensions que de nouveaux marqueurs), mais on comprend intuitivement qu'après la troisième, la possibilité de représentation spatiale des données s'atténue : en général, le premier axe exprime 65 % de la variance et le second 25 % (il ne reste donc que 10 % de variance résiduelle pour les axes ultérieurs).

Les résultats d'ensemble portant sur les distances entre populations se représentent d'ordinaire sous forme d'une carte, à deux axes orthogonaux selon la première (en abscisses) et la seconde (en ordonnées) dimension. Il est d'ailleurs possible de passer de cette dernière représentation à un arbre, où la séparation initiale correspond à celle qui a été repérée sur le premier axe ; les séparations ultérieures correspondront à autant de projections obtenues sur les axes suivants.

*Méthodes de construction des arbres à partir des fréquences*

Les représentations du second type, plus intéressantes mais aussi plus sujettes à controverse, sont données sous forme d'un arbre (appelé encore cladogramme, ou dendrogramme). Le rôle d'un arbre est double : il donne une représentation des relations génétiques entre populations, mais tente aussi (et c'est bien là la difficulté principale) de retracer l'*histoire* de ces populations depuis l'origine, située à la racine de l'arbre. Pour l'essentiel, un arbre peut être considéré comme une description simplifiée de la matrice des distances (ou des similitudes). Si l'on considère *n* populations, les éléments de la matrice des distances sont $n(n - 1) / 2$. Les paramètres qui définissent un arbre sont les valeurs des nœuds $(n-1)$, c'est-à-dire les divers niveaux de branchements. La représentation sous forme d'arbre est commode, car elle permet de simplifier substantiellement les données, en divisant le nombre des paramètres par le facteur *n* / 2. Cette simplification peut aboutir à une certaine perte d'information, plus ou moins importante selon la nature des données. Un arbre est parfait s'il n'y a aucune perte d'information (mis à part les erreurs d'échantillonnage) lorsque l'on passe de la matrice des distances à l'arbre.

Il existe plusieurs procédés classiques de construction des arbres. Le premier d'entre eux a été mis en œuvre par les méthodes dites de « taxonomie numérique », qui, à partir des années soixante (à la suite de l'enseignement de K. Sokal), ont suscité un regain d'intérêt pour la représentation comparée des espèces à l'aide de branchements. Ce type de taxonomie, développé sous forme quantitative, tente de représenter de façon adéquate (à l'aide de l'ordinateur) les relations complexes entre espèces et caractères. Le procédé qui en découle est celui dit « de la liaison moyenne », qui consiste à comparer (dans le cas qui nous intéresse ici) les paires de populations au moyen de la plus petite distance possible, celle-ci donnant le niveau le plus faible de branchement dans l'arbre. Ces deux populations par paire sont alors considérées ensemble, et il en résulte que la matrice des distances décroît d'une unité ; le procédé est ensuite appliqué aux différents groupes, jusqu'aux deux dernières populations. Cette méthode générale a eu beaucoup de succès, et presque tous les autres procédés utilisés en dérivent.

Les quatre autres principales méthodes utilisées pour la construction des arbres sont les suivantes :

— La méthode dite « d'analyse de groupes » est fondée sur l'analyse de la variance. Elle consiste en la recherche des groupements qui maximalisent le rapport des variances (entre les différentes variances) parmi les groupements résultants de chaque branchement.

— La méthode de construction des arbres, dite « additive » ou méthode « des moindres carrés », consiste à estimer les taux d'évolution survenant dans chaque segment de l'arbre à partir de l'hypothèse que la somme des segments qui séparent deux populations de l'arbre est égale (aux erreurs statistiques près) à la distance génétique que l'on observe entre elles. Le meilleur arbre est celui qui donne les plus faibles différences de la somme des carrés entre les distances estimées et observées dans chaque paire de populations considérées.

— La méthode dite « du maximum de vraisemblance », cas particulier de celle que nous venons de présenter, n'est valable que sous certaines réserves. Elle rapporte la variation des fréquences géniques prises au hasard au taux constant qui caractérise les segments de l'arbre formés après les branchements. Cette méthode est en train d'être perfectionnée (sous l'influence principale de J. Felsenstein).

— La méthode dite « du cheminement minimal » est fondée, comme son nom l'indique, sur la minimalisation de la somme des distances entre populations dans l'espace des caractères. C'est elle qui est le plus fréquemment utilisée dans les études récentes, car le principe qui l'anime est semblable (bien que non strictement identique) à celui de parcimonie maximale dont il sera question plus loin. Elle peut être appliquée à la construction des arbres dits « sans racine », qu'il est possible de projeter sur des cartes géographiques.

Ces cinq méthodes donnent des résultats similaires, mais non strictement identiques, lorsqu'elles sont mises en œuvre à partir des mêmes données. Les critères de choix de telle ou telle méthode ne sont pas toujours faciles à établir. La plupart d'entre elles présentent enfin un certain nombre d'inconvénients dans la pratique.

Un premier problème relève du fait qu'à partir d'une donnée de départ, et quelle que soit la méthode utilisée (celle de la liaison moyenne mise à part), il existe un grand nombre d'arbres possibles. Et ce nombre augmente très rapidement avec celui des populations comparées : trois arbres possibles à partir de trois populations comparées, quinze à partir de quatre, cent cinq à partir de cinq... et, par exemple, $2{,}1 \times 10^{14}$ lorsque l'on comparera quinze populations différentes. La notion de topologie concerne la forme de l'arbre : lorsque l'on compare trois populations, les trois arbres possibles ont la même topologie, mais pour quatre il existe deux topologies différentes ; en pratique, plus le nombre d'arbres possibles augmente, plus les topologies sont différentes pour chaque arbre (le nombre de topologies est équivalent au nombre d'arbres possibles). Il est alors nécessaire de choisir parmi les différents arbres obtenus (leur nombre pouvant être très élevé) celui ou ceux qui sont les meilleurs. Parmi les méthodes utilisées, seule celle du maximum de vraisemblance nécessite un temps d'ordinateur raisonnable. Dans la plupart des cas cependant, il est pratiquement impossible de tester de façon exhaustive tous les arbres possibles au-delà de six ou sept populations comparées. En réalité, ce problème est habituellement résolu de la façon suivante : on sélectionne un arbre initial, sur la base par exemple de la méthode de la liaison moyenne ; puis ce premier arbre est adapté (amélioré), par comparaison avec certains autres arbres — la plupart du temps les autres bons arbres ne révèlent que des différences de faible importance par rapport à cet arbre initial — de façon à l'améliorer encore (la même procédure peut être appliquée à partir d'un ou de plusieurs arbres pris au hasard).

Un autre problème important et difficile est celui du positionnement de la racine de l'arbre. Une façon simplifiée de le résoudre consiste à choisir de façon arbitraire cette position au point moyen de l'arc reliant entre elles les deux populations les plus distinctes de l'arbre. Idéalement, la localisation de la racine peut être déterminée par des évidences, internes ou externes, par rapport à l'arbre. Les évidences internes résultent du fait qu'il est généralement admis que les taux d'évolution (le taux d'évolution est défini comme la quantité de changement évolutif mesuré d'ordinaire par la distance génique entre une forme ancestrale et ses descendants, divisée par le temps pendant lequel cette quantité est mesurée) sont relativement constants au cours du temps (hypothèse de l'horloge moléculaire de l'évolution, abordée au paragraphe suivant). Cette constance des taux évolutifs est en général vérifiée lorsque l'on compare des groupements de populations humaines provenant de continents différents.

Les évidences externes, c'est-à-dire le choix d'une donnée indiquant la racine extérieure par rapport au groupe étudié, doivent être plus satisfaisantes. En théorie, elles peuvent être obtenues grâce aux fossiles ou aux données archéologiques ; la méthode consiste en fait à prendre en considération dans les phylogénies humaines les résultats correspondant à ceux qui sont obtenus chez nos plus proches cousins encore vivants : principalement le Chimpanzé, mais aussi le Gorille. Étant donné la spécificité des caractéristiques humaines et la relative rapidité de notre évolution, il n'est malheureusement pas toujours possible de recourir à cette possibilité.

Les arbres dont il est question en génétique moléculaire sont fondés, soit sur des alignements entre espèces portant sur des différences en acides aminés le long des chaînes peptidiques comparées, soit sur des comparaisons de séquences d'ADN des gènes correspondants. Habituellement, la méthode utilisée à cette fin est celle qui *maximalise la parcimonie*, c'est-à-dire qui postule un nombre minimal de changements permettant de passer d'une forme à l'autre. Le fait de compter le nombre minimal de mutations nécessaires pour rendre compte d'une différence observée entre deux séquences d'ADN est en effet l'approche la plus simple pour passer d'une forme à l'autre. Remarquons cependant que cette méthode ne traduit pas forcément le nombre exact de changements moléculaires survenus en réalité : au cours de l'évolution, il peut se produire des réversions ou des modalités plus complexes de mutations (il en résulte qu'une différence nucléotidique unique observée ne traduit pas nécessairement l'existence d'une seule mutation, et qu'à l'inverse l'absence de différence observée entre deux séquences n'implique pas non plus qu'il n'y ait eu entre elles aucune mutation). Si la plupart des mutations observées correspondent à des substitutions de bases, on observe aussi des mutations plus complexes comme les délétions, les insertions, et les transpositions de plusieurs bases (de tels événements réversent rarement, et il est nécessaire lors des reconstructions d'arbres d'attribuer des poids différentiels aux divers événements mutationnels considérés).

Il convient donc de signaler que bien que la procédure consistant à minimaliser le nombre des mutations lors du passage d'une forme à l'autre soit attractive (principalement à cause du fait connu que les mutations sont effectivement des événements rares), il n'est pas du tout certain que la méthode de reconstruction des arbres qui en découle soit la meilleure. Jusqu'à présent cependant, à notre connaissance, le test de l'évolution considérée comme la plus parcimonieuse n'a pas encore fait l'objet d'une mise en cause sérieuse sur la base d'une hypothèse scientifique vérifiable.

*L'horloge moléculaire de l'évolution*

Lorsque l'on considère les taux de substitution en acides aminés au cours du temps (dans le cas par exemple des hémoglobines) en comparant les séquences des protéines correspondantes entre différents couples d'espèces appartenant à des groupes dont la date de divergence est connue par la paléontologie, il semble apparaître que l'évolution s'effectue à taux constant, à la manière d'une horloge (ou plus exactement comme une horloge stochastique, du type de celle qui règle la décroissance en radioactivité d'un produit marqué au cours du temps). Une formule classique en génétique des populations établit que le taux $k$ de substitution des allèles neutres du point de vue sélectif correspond simplement au taux $u$ des mutations qui surviennent au cours du temps ($k = 2Nu \times 1/2N = u$), et cela indépendamment de l'effectif de la population en train d'évoluer. Une application importante du concept d'horloge moléculaire est que celle-ci, une fois calibrée au moyen d'un petit nombre judicieusement choisi de références correspondant à des dates connues, peut servir à la mesure du temps de divergence entre deux groupes distincts d'un arbre, et même à dater le point d'origine.

Cependant, lorsque l'on prend en considération d'autres protéines ou enzymes que les hémoglobines, les calculs montrent que les diverses protéines d'un même organisme évoluent parfois à différents taux : si l'on considère que les hémoglobines évoluent à un taux moyen, d'autres protéines (comme l'anhydrase carbonique ou les fibrinopeptides) évoluent très vite, alors que d'autres encore (comme le cytochrome C) ne changent que très lentement ; d'autres protéines enfin (comme les histones, qui entourent l'ADN dans le noyau cellulaire) ne changent pratiquement pas au cours de l'évolution. Chaque protéine, à la limite, semble donc constituer une horloge indépendante, et ce ne peut être que de la considération simultanée de ces différentes horloges qu'il est possible d'obtenir une estimation réaliste du taux moyen d'évolution.

La constance des taux au cours du temps peut cependant être mise en question dans certains cas. Ainsi, dans une étude désormais classique, on a comparé les taux de substitution survenus au cours de l'évolution d'une dizaine de protéines chez une vingtaine d'espèces différentes de Vertébrés. L'objectif de cette étude, qui portait sur des organismes dont les dates d'origine s'étendaient sur une centaine de millions d'années, était d'estimer le nombre de changements nucléotidiques (au niveau de l'ADN) à partir des substitutions en acides aminés par application du principe de parcimonie. Les résultats ont montré que la plupart des espèces se disposaient sur une droite (lorsque l'on représente les changements nucléotidiques par rapport aux datations d'origine des groupes, en millions d'années d'évolution) correspondant à un taux d'évolution constant au cours du temps ; le taux moyen a pu être estimé à 0,41 changement nucléotidiques par million d'années. Cependant, chez les espèces de Primates (singes), l'évolution des taux est sensiblement plus basse que la moyenne, ce qui suggère que plus la divergence des espèces est récente, plus les changements génétiques observés s'éloignent de la proportion attendue. C'est pourquoi dans le cas des espèces de la lignée humaine, encore plus récentes, le concept d'horloge moléculaire de l'évolution doit être manié avec précaution, surtout lorsque l'on tente d'estimer la date de l'origine. Le ralentissement de l'évolution observé chez les Hominoïdés (espèces de la lignée humaine) trouve néanmoins, semble-t-il, une explication raisonnable lorsque l'on considère l'intervalle entre les générations : c'est lui qui, en s'étendant toujours plus, produit l'abaissement de la survenue des mutations par unité de temps. L'hypothèse de la constance des taux de mutation au cours du temps s'appuie sur des comparaisons entre espèces rapportées à des échelles de temps évolutif importants du point de vue géologique ; il en va différemment lorsque l'on procède à des comparaisons intraspécifiques entre populations humaines actuelles.

*La théorie originale de M. Nei*

Le premier arbre construit par Cavalli-Sforza et Edwards en 1964 — fondé sur cinq marqueurs de groupes sanguins (ABO, MN, Rh, Diégo et Duffy) — aboutissait à une séparation des populations humaines en deux grands ensembles : un premier composé des populations d'Europe et d'Afrique, un second de celles d'Asie, d'Amérique et d'Australie. Comme on savait que le peuplement de l'Amérique s'était effectué à partir de l'Asie du Nord-Est et celui de l'Australie à partir de l'Asie du Sud-Est, il avait été suggéré à l'époque que la première séparation des peuplements humains s'était produite entre l' « Eurafrique » et la « grande Asie ». L'apport d'informations supplémentaires — par adjonction d'autres marqueurs génétiques comme ceux de certaines protéines circulantes du sérum par Kidd en 1973 (comme l'haptoglobine et la transferrine) ou des allèles au système des antigènes d'histocompatibilité leucocytaire par Piazza et ses collaborateurs en 1975 (nouvel arbre auquel il a déjà été fait allusion) — ne changea que peu de choses à cette première vision dichotomique, si ce n'est que les Caucasiens apparaissaient alors comme situés sur de très courtes branches de l'arbre, assez proches de la racine. Les Africains étaient également, dans cette représentation, au voisinage de cette origine, mais se trouvaient positionnés aux extrémités de très longues branches de cet arbre.

1978 fut l'année d'une synthèse d'une importance capitale [1]. Masatoshi Nei, de l'Université du Texas à Houston, énonça dès cette date trois résultats capitaux en utilisant des marqueurs à 23 systèmes de groupes sanguins (détectés par les méthodes immunologiques) et à 62 protéines (détectées par les techniques électrophorétiques) :

— par le calcul de la proportion des gènes variables et de leur hétérozygotie moyenne, il montra que 90 % de la diversité génétique humaine était présente dans chaque race ; 10 % seulement de cette quantité rendent donc compte de la variabilité des trois grandes races géographiques : blanche, jaune et noire. Ce premier résultat signifie que *les races humaines sont vraisemblablement d'origine très récente.*

— Sur l'arbre ainsi construit, les populations négroïdes sont plus anciennement séparées des autres types de populations (caucasoïdes et mongoloïdes) que ces deux dernières ne le sont entre elles. Cette constatation suggère que *la population africaine fut probablement la première, la plus anciennement apparue.* Selon cette vision des choses, le clivage primitif de l'humanité se serait donc réalisé entre l'Afrique et l'Eurasie.

— A partir des données qui, rappelons-le, ne concernaient que les seules protéines, les distances obtenues entre les dif-

1. M. Nei, « The theory of genetic distance and evolution of human races », *Jap. J. Hum. Genet.* (1978), **23**, p. 341-69.

férents groupes peuvent être calibrées sur l'échelle du temps par application de la théorie de l'horloge moléculaire de l'évolution (en admettant que les changements génétiques se sont effectués à taux constant au cours du temps). Le calcul a montré que la divergence entre Caucasoïdes et Mongoloïdes remonte à – *26 000 / – 56 000 années, et la date de séparation des Négroïdes des autres groupes a été estimée entre – 79 000 et – 150 000 ans.*

Cette théorie, comme nous le verrons à la suite de l'exposé des résultats apportés par les marqueurs ADN, fut ultérieurement confirmée, tant dans sa perspective générale que sur les points particuliers.

# 4

# Argumentation fondée sur les gènes nucléaires codant pour les chaînes globines

La première évidence de l'origine africaine de l'Homme moderne est fondée sur les données relatives aux polymorphismes de restriction découverts dans une certaine région de notre patrimoine génétique : celle des gènes de la famille β-globine. Celle-ci est certes limitée, mais elle a été très bien étudiée parce qu'elle intervient dans la synthèse de molécules impliquées dans des maladies (fréquentes en Afrique) que l'on appelle les thalassémies.

## *Les gènes de la famille β-globine*

L'hémoglobine est la protéine de transport de l'oxygène dans le sang. Chaque molécule d'hémoglobine adulte ($\alpha_2\beta_2$) résulte d'une association tétramérique (quatre chaînes) entre deux fois deux chaînes globines α et deux globines β ; il existe aussi, chez l'adulte, une faible proportion du tétramère $\alpha_2\delta_2$ entre globine α et les chaînes globines δ. La globine caractéristique du fœtus est la chaîne γ, et l'une de celles de l'embryon est la globine ε. Les gènes codant pour les différentes chaînes globines sont répartis sur deux chromosomes : sur le chromosome n° 16 sont disposés (en tandem) les divers gènes de la famille α-globine, alors que le bras court du chromosome n° 11 contient, comme représenté sur la figure 8, ceux de la famille β-globine. Ce dernier

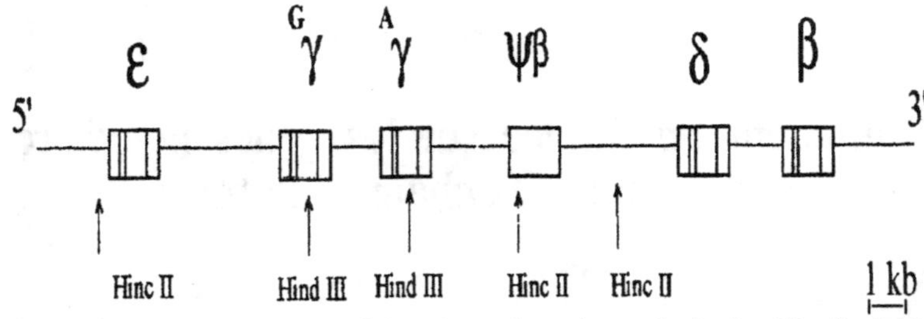


Figure 8. *Représentation schématique des gènes de la famille β-globine et localisation des sites de restriction polymorphes utilisés dans l'étude de J. Wainscoat.*

Sur le brin d'ADN orienté de 5′ en 3′ (d'après le sens de la transcription), les gènes de globines sont disposés dans l'ordre suivant : le gène embryonnaire ε, deux gènes fœtaux Gγ et Aγ, un pseudogène (non exprimé et représenté en blanc, φß), et les gènes δ et ß (disposés selon l'ordre d'apparition des protéines codées correspondantes au cours du développement). Sur cette carte, les emplacements par rapport à ces gènes des sites polymorphes étudiés sont représentés : un site HincII, deux sites HindIII, puis deux sites HincII. L'échelle indique la taille en kilobases (kb). A remarquer que tous les sites de restriction choisis pour cette étude sont localisés dans des régions non codantes du génome, et ne sont par conséquent pas soumis à un effet marqué de la sélection naturelle (le premier site, HincII, est situé dans la région 5′-flanquante du gène ε ; le second site, HindIII, l'est dans la deuxième région intermédiaire transcrite, mais non traduite, du gène Gγ ; le troisième, HindIII, l'est aussi dans une même région du gène Aγ ; le quatrième site, HincII, est situé dans le gène non traduit φß ; enfin, le cinquième site, HincII, est situé dans la région 3′-flanquante de ce dernier gène). Pour chaque gène (boîtes rectangulaires), les régions codantes traduites (exons) sont indiquées en noir.

ensemble de gènes est constitué, sur l'ADN orienté de 5′ en 3′ (c'est-à-dire de la gauche vers la droite, le long de la molécule d'ARN messager correspondante et dans le sens postulé de la traduction), du gène codant pour la globine embryonnaire ε, puis des deux gènes des globines fœtales Gγ et Aγ, du pseudogène β (les pseudogènes sont des gènes silencieux qui ressemblent beaucoup à des gènes actifs, mais dont la fonction est altérée), du gène codant pour la globine δ ensuite, et enfin de celui qui code pour la globine adulte β.

Dans les populations humaines, on observe, au niveau de

la région des gènes de la famille β-globine, une variation, d'un individu à l'autre, des relations de présence-absence de certains sites de restriction. Le premier polymorphisme de ce type décrit dans la littérature (déjà mentionné au chapitre 2) concerne chez les Noirs l'association différentielle entre le gène β normal ($\beta_A$) et un fragment de restriction HpaI long de 7,6 kb d'une part, et, d'autre part, chez des individus drépanocytaires, entre le gène β muté ($\beta_S$) et un autre fragment HpaI de 13 kb ; cet exemple est l'un des rares cas que l'on connaisse où un polymorphisme de restriction est associé à une valeur sélective (c'est-à-dire à un avantage concernant la sélection naturelle) d'importance, les hétérozygotes étant avantagés en région impaludée. Il a en effet été démontré qu'alors que les individus homozygotes $\beta_S\beta_S$ mouraient en bas âge, les globules rouges des sujets hétérozygotes $\beta_S\beta_A$ (qui présentent pourtant une dose de l'allèle muté) étaient plus résistants à l'infection par *Plasmodium falciparum*, l'agent du paludisme. On estime qu'en cet endroit du génome, comme d'ailleurs dans l'ensemble de la molécule d'ADN humaine (chapitre 2), une base sur cent à une base sur mille sont variables (certaines de ces bases mutées pouvant participer à la création, ou à la perte, de sites de restriction particuliers).

On dénombre de nos jours plus de vingt sites de restriction polymorphes au voisinage des gènes de la famille β-globine. La plupart d'entre eux sont qualifiés de « publics », en ce sens qu'on les retrouve à des fréquences diverses dans la plupart des populations étudiées, alors que d'autres sont dit « privés » car présents seulement dans des groupes particuliers (comme les Africains, les Noirs américains, ou les habitants des îles du Pacifique). Connaissant la nature, le nombre et la disposition des sites de restriction polymorphes dans la région des gènes β-globine, on peut calculer (de façon théorique) le nombre de combinaisons potentielles entre allèles à ces sites, que l'on nomme haplotypes, le long du chromosome correspondant. Cependant, l'observation des populations montre qu'en fait un petit nombre seulement des haplotypes théoriquement possibles existent dans la réalité ; de plus, un (ou deux, ou trois) de ces haplotypes observés prédominent généralement. On décrit sous l'expression « déséquilibre de liaison » la mesure de la discordance entre le nombre d'haplotypes possibles et ceux réellement observés. Récemment, la détermination de ces haplotypes a été très utile lors des études de leurs associations avec certaines maladies génétiques correspondant à des déficiences en synthèse de chaînes globines, appelées les thalassémies β. Il a en outre été remarqué dans cette région du génome que les déséquilibres de liaison entre haplotypes pouvaient être regroupés en deux grands ensembles, situés respectivement en 5′ et en 3′ par rapport à une région étroite du génome représentant une séquence située à la gauche du gène β-globine lui-même ; il a été démontré (sur la base de données d'observation et de résultats expérimentaux) que cette localisation particulière, par rapport à laquelle les combinaisons haplotypiques dans les deux sous-régions ainsi découpées se réalisent de façon indépendante, indiquait un point chaud de recombinaison (c'est-à-dire une zone de cassure chromosomique pratiquement obligée, et, de toute façon, relativement plus fréquente lors des « crossing over » qui se produisent à chaque méiose).

### *La théorie princeps de Jim Wainscoat*

Jim S. Wainscoat et ses collaborateurs britanniques du Nuffield Department of Clinical Medicine de l'Université d'Oxford, ont entrepris l'étude de la comparaison des haplotypes dans la famille des gènes β-globine [1] (cette région particulière du génome où les recombinaisons s'effectuent très occasionnellement, pour huit populations différentes dans le monde. Le résultat essentiel mis en évidence par cette recherche est que toutes les populations non africaines examinées présentent un nombre limité d'haplotypes communs, alors que les Africains possèdent de façon prédominante un haplotype distinct, inconnu dans les autres populations étudiées.

L'étude est fondée sur l'examen de cinq polymorphismes de restriction liés de la sous-région 5′, qui concernent successivement (de la gauche vers la droite sur la figure) : un site HincII, deux sites HindIII, et deux autres sites HincII (figure 8). Pour chaque individu analysé, l'haplotype correspondant est représenté par cinq signes successifs (+ ou –), le signe + signifiant que le site polymorphe est présent, et – qu'il est absent. De façon à éviter l'influence de toute contrainte sélective possible, l'analyse n'a porté que sur des individus normaux pour ce qui concerne la chaîne β de l'hémoglobine ($\beta_A$), et a donc exclu tout patient drépanocytaire ou thalassémique.

Les huit populations concernées sont d'origine anglaise, italienne, chypriote, indienne d'Asie, mélanésienne, polynésienne, thaïlandaise et noire-africaine. Le tableau 2 permet de constater que parmi les $2^5 = 32$ haplotypes possibles, quatorze d'entre eux seulement existent en réalité, et que

1. J. S. Wainscoat, A. V. S. Hill, A. L. Boyce, J. Flint, M. Hernandez, S. L. Thein, J. M. Old, J. R. Lynch, A. G. Falusi, D. J. Weatherall, « Evolutionary relationships of human populations from an analysis of nuclear DNA polymorphisms », *Nature* (1986), **319**, p. 491-3.

Tableau 2. *Liste des 14 haplotypes rencontrés et leurs nombres dans les différents groupes étudiés* (d'après Wainscoat et collaborateurs, 1986).

Pour chaque haplotype, le premier signe (+ ou –) indique la présence ou l'absence du premier site restriction HincII de la figure 8, le second celles du deuxième site HindIII, le troisième celles de l'autre site HindIII, les quatrième et cinquième celles des deux autres sites HincII. Le tableau donne la liste des 14 haplotypes effectivement observés, décrits selon cette modalité de représentation, ainsi que leurs nombres dans les divers groupes ethniques étudiés (où les Africains sont représentés par des individus en provenance de la Gambie, du Kenya et du Niger).

| Haplotypes | Anglais | Chypriotes | Italiens | Indiens | Thaïlandais | Mélanésiens | Polynésiens | Africains |
|---|---|---|---|---|---|---|---|---|
| +–––– | 16 | 59 | 32 | 58 | 29 | 117 | 43 | 3 |
| –+–++ | 15 | 14 | 15 | 28 | — | 29 | 6 | 6 |
| –++–+ | 5 | 8 | 2 | 15 | 2 | 3 | — | 1 |
| +––++ | — | — | — | — | — | 11 | — | — |
| –++–– | 1 | 1 | 1 | 3 | — | — | 1 | — |
| –++++ | — | — | — | — | — | 5 | — | — |
| ++–++ | — | — | — | 3 | — | — | — | — |
| ––––– | — | — | — | 1 | — | 2 | 1 | — |
| +++–+ | — | — | — | 1 | — | — | — | — |
| –––++ | — | — | — | 1 | 1 | — | — | — |
| ++––– | — | — | — | 1 | — | — | — | 2 |
| –+––– | — | — | — | — | — | — | — | 2 |
| –+––+ | — | — | — | — | — | 4 | 4 | 12 |
| ––––+ | — | — | — | — | — | 2 | — | 37 |
| Total | 37 | 82 | 50 | 111 | 32 | 173 | 55 | 61 |

l'un de ces haplotypes (+––––) est présent de façon prépondérante (et approximativement semblable) dans toutes les populations non africaines étudiées ; dans ce premier groupe de populations, dont les Africains sont exclus, les deux autres haplotypes les plus fréquents sont ensuite –+–++, puis –++–+ (à noter que le second n'est pas représenté chez les Polynésiens sur le tableau, mais d'autres études de ce type effectuées antérieurement par d'autres auteurs ont montré qu'il était effectivement présent dans ce groupe).

A l'opposé, l'haplotype prépondérant chez les Africains est ----+, absent de toutes les populations eurasiatiques ; la seule exception concerne deux individus mélanésiens du tableau 2, mais l'utilisation d'un polymorphisme de restriction TaqI supplémentaire situé en 3′ du gène Gγ a permis de montrer qu'il s'agissait vraisemblablement en fait d'un haplotype semblable à ----+, mais apparu par une autre voie que ce dernier (donc au terme d'un processus de convergence). En outre, l'autre haplotype africain le plus fréquent, -+--+, est probablement dérivé du premier par une seule mutation ponctuelle (----+ → -+--+). Enfin, en Afrique, les fréquences des trois haplotypes eurasiatiques communs tombent à 4,9 % pour +----, à 9,8 % pour -+-++, et à 1,6 % pour -++-+.

Des travaux de chercheurs français [1] (Pagnier et collaborateurs) ont précisé la répartition des haplotypes β-globine associés au gène de l'hémoglobine falciforme (HbS) en Afrique. Bien que les recherches en question aient porté sur la répartition des haplotypes dans des conditions de pathologie, elles ont permis de préciser la distribution africaine des principales combinaisons. Ainsi l'haplotype africain le plus fréquent (----+-) se retrouve-t-il en République centrafricaine, au Bénin, au Sénégal et en Algérie (il est cependant minoritaire dans ces deux derniers pays). Le second haplotype africain par ordre d'importance (-+--+) est minoritaire au Sénégal, où l'haplotype principal est -+-++.

1. J. Pagnier, J. G. Mears, D. Dunda-Behodja, R. T. Schaeferrego, C. Beldjord, R. L. Nagel, D. Labie, « Evidence for multicentric origin of the sickle cell hemoglobin gene in Africa », *Proc. Natl. Acad. Sci. USA* (1984), **81**, p. 1771-3.

L'haplotype le plus commun en Centrafrique est –+–––. L'haplotype ––––+ se retrouve aussi en Sicile et au sud-ouest de l'Arabie.

Cela explique pourquoi les Noirs jamaïcains et américains du Nord, descendants d'esclaves en provenance de diverses populations africaines (du Sénégal au Mozambique), possèdent ces trois haplotypes principaux (travaux d'Antonorakis et collaborateurs [1]).

Des deux haplotypes africains les plus fréquents, le ––––+ serait typique des Africains récents et le –+––+ le serait des Sans (population aborigène du sud de l'Afrique), selon une publication de Ramsay et Jenkins [2] (chercheurs à Johannesbourg). En effet, dans les populations africaines du Sud étudiées par ces auteurs, ces deux haplotypes sont majoritairement présents, respectivement à 40 % et 10 % chez les Bantous, et, au contraire, à 26 % et 40 % chez les Sans. Cette présence à plus basse fréquence de l'haplotype San chez les Bantous et de l'haplotype Bantou chez les Sans peut résulter, soit d'une origine commune entre ces deux populations, soit s'expliquer par un flux génétique plus récent entre elles.

Il est intéressant de constater que les quatre haplotypes les plus fréquents des Africains et des non-Africains : (+––––), (–+–++), (–++–+) et (––––+) ne peuvent dériver les uns des autres, ni par un simple changement de bases au niveau de l'ADN aboutissant au gain ou à la perte d'un site de restriction, ni par un seul événement recombinatoire. Il en a

1. S. E. Antonorakis, C. D. Boehm, G. R. Serjeant, C. E. Theisen, G. J. Dover, H. H. Kazazian, « Origin of the $\beta^S$–globin gene in blacks, *Proc. Natl. Acad. Sci. USA* (1984), **81**, p. 853-6.

2. M. Ramsay, T. Jenkins, « Globin gene-associated restriction fragment length polymorphisms in Southern African peoples », *Am. J. Hum. Genet.* (1987), **41**, p. 1132-44.

donc été déduit que ces quatre haplotypes principaux étaient apparus avant la date de divergence entre les diverses races, et qu'ils s'étaient ensuite maintenus stables sur une longue durée ; il a été possible d'évaluer cette durée à environ 100 000 ans, l'exemple daté sur lequel cette estimation est fondée étant celui des Mélanésiens (que l'on pense séparés des Européens depuis 20 à 30 000 ans) et qui ont pourtant retenu des fréquences haplotypiques semblables.

La plupart des autres haplotypes plus rares rencontrés dans ces populations sont vraisemblablement dérivés des quatre haplotypes communs par un seul événement de recombinaison entre les marqueurs : par exemple, les haplotypes +−−++ des Mélanésiens et −++++ des Polynésiens peuvent dériver de +−−−− et −+−++ pour le premier, et de −+−++ et −++−+ pour le second. La théorie a également montré que, parmi les treize haplotypes qu'il était possible d'obtenir de cette façon, huit d'entre eux étaient en fait observés (contre trois, effectivement présents eux aussi, mais inexplicables en admettant une telle modalité d'obtention).

Le premier résultat d'importance qui découle de la comparaison des fréquences haplotypiques dans ces populations concerne la diversité même des haplotypes, importante chez les Africains par rapport aux Européens ; outre l'haplotype principal et deux autres qui leur sont caractéristiques, les Africains présentent de plus, à des fréquences bien moindres cependant, les trois haplotypes eurasiatiques prépondérants.

A partir des données du tableau 2, il est possible de calculer les distances génétiques entre les différentes populations étudiées. La figure 9 donne une représentation en deux dimensions de ces distances (la « note » donnée étant d'autant plus élevée que la distance est plus grande), chaque

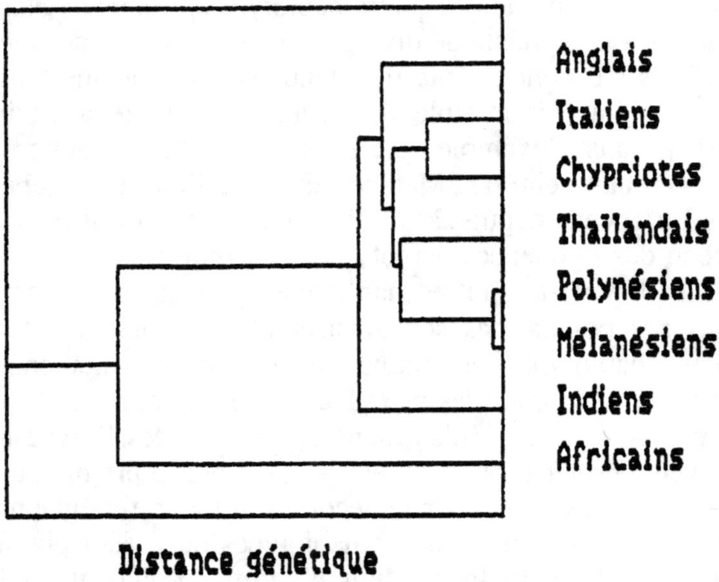


| | 1 | 2 | 3 | 4 | 5 | 6 | 7 |
|---|---|---|---|---|---|---|---|
| 1. Anglais | | | | | | | |
| 2. Chypriotes | 0,69 | | | | | | |
| 3. Italiens | 0,54 | 0,40 | | | | | |
| 4. Thaïlandais | 1,31 | 0,74 | 0,97 | | | | |
| 5. Indiens | 0,65 | 0,65 | 0,69 | 1,07 | | | |
| 6. Mélanésiens | 1,02 | 0,68 | 0,70 | 0,95 | 0,99 | | |
| 7. Polynésiens | 1,14 | 0,66 | 0,73 | 0,83 | 1,04 | 0,60 | |
| 8. Africains | 2,86 | 2,84 | 2,83 | 2,96 | 2,87 | 2,77 | 2,73 |

Figure 9. *Dendrogramme représentatif des distances génétiques calculées entre les huit populations étudiées* (d'après Wainscoat et collaborateurs, 1986).
Cet arbre est établi sur la base des fréquences concernant les divers haplotypes de la sous-zone 5′ des gènes appartenant à la famille ß–globine, et est fondé sur le calcul des distances génétiques à partir des données du tableau 2.

population étant comparée à cet égard à l'ensemble de toutes les autres. Le dendrogramme qui en résulte globalise une mesure de la parenté entre les différentes populations considérées (parenté uniquement fondée, dans la présente étude, sur les distances génétiques déduites des fréquences haplotypiques dans la sous-zone 5′ des gènes de la famille β-globine, rappelons-le). On peut facilement se rendre compte qu'il y a de grandes chances cependant pour que cet arbre retrace fidèlement les parentés réelles : il est possible notamment de constater que les populations les plus proches géographiquement, comme les Italiens et les Chypriotes, ou comme les Mélanésiens et les Polynésiens, sont reliées par les distances les plus faibles. A l'opposé, et il s'agit là du second résultat d'importance (et même du point capital) découlant de l'étude de J. Wainscoat, *la distance la plus importante du dendrogramme est celle qui sépare les Africains des populations non africaines*. Et c'est principalement cela qui a permis à cet auteur de soutenir la théorie selon laquelle la division primitive de l'humanité s'était réalisée entre les groupes africains, d'une part, et eurasiatiques, d'autre part.

Partant de ces données, J. Wainscoat en a déduit, par voie de conséquences :

— qu'à l'évidence, le lieu d'origine de l'Homme moderne était situé en Afrique ;

— qu'à partir du peuplement africain, une population de fondateurs aurait colonisé ultérieurement les autres continents pour donner naissance à l'ensemble des populations non africaines ;

— que, comme en Eurasie l'haplotype africain prédominant ––––+ a été perdu, cette population fondatrice a dû être constituée par effet d'échantillonnage (ce qui signifie que la population en question pourrait résulter d'un échantillon limité de la population initiale) à partir d'un petit (et même peut-être un très petit) nombre d'individus. En effet, plus un groupe est important, moins grandes sont les chances qu'un quelconque allèle ne disparaisse au hasard parmi les mutations survenues chez les individus qui le composent ; à l'inverse, un groupe de petite taille peut plus facilement perdre l'haplotype originel dans la mesure où les mutations qui y apparaissent peuvent rapidement devenir prédominantes, les générations successives provoquant à chaque étape un nouvel effet d'échantillonnage.

*Propositions de datation et d'estimation d'effectifs*

Bien que l'on ne connaisse pas avec exactitude la date de migration des populations hors d'Afrique lors de la colonisation de l'Europe et de l'Asie, ni l'importance de la population des migrants, Jones et Rouhani [1], du Département de génétique et de biométrie de l'University College de Londres, ont pu aboutir aux estimations suivantes : en admettant que les premiers immigrants aient quitté l'Afrique il y a 50 000 ans (après que les haplotypes se furent différenciés) et qu'ils se soient installés en Europe et en Asie il y a 30 000 ans, il reste une période de 20 000 ans pendant laquelle s'est produit le changement drastique observé (trois haplotypes communs en Eurasie et un haplotype unique différentiel en Afrique), en supposant une fréquence égale des quatre haplotypes communs dans la population africaine ancestrale. En admettant la neutralité sélective des haplotypes, et en particulier de celui d'entre eux qui a été éliminé, l'application d'une formule classique de génétique des populations relative au temps $t$ nécessaire à l'élimination d'une population d'un gène neutre de fréquence $p$ (la formule est $E(t) = - 4N\,p$ log naturel de $p / (1 - p)$, où $N$ est l'effectif

1. J. S. Jones, S. Rouhani, « How small was the bottleneck ? », *Nature* (1986), **319**, p. 449-50.

de la population), ces auteurs ont pu calculer (en choisissant un temps de génération — c'est-à-dire le nombre d'années séparant deux générations successives — de 20 ans) que l'effectif de la population fondatrice au cours de cette longue période a été de l'ordre de 600 individus. Celui-ci fut encore beaucoup plus réduit si l'on se place dans l'hypothèse d'un temps de passage plus court dans le goulot d'étranglement marquant la réduction drastique de la population (par exemple : six individus fondateurs pour une période de 200 ans, un seul couple pour une durée de 60 ans).

*Résumé de la théorie de l'origine africaine de l'Homme moderne*

Voilà donc, brossée à grands traits, la théorie de l'origine africaine de l'Homme moderne selon J. Wainscoat, théorie qui peut être schématisée de la façon suivante. Par rapport aux Européens, les Africains présentent une plus grande diversité haplotypique. La distance génétique entre les Africains et les populations non africaines est plus grande que celles qui séparent les autres populations. Il en résulte que l'origine de l'Homme moderne est africaine. L'observation des haplotypes dans les différentes races suggère que les autres continents ont été peuplés à partir de l'Afrique par un petit nombre de fondateurs.

Dans l'ensemble, cette théorie a été relativement bien accueillie dans les milieux scientifiques concernés par la génétique moléculaire, d'abord parce que l'on connaissait déjà l'existence de polymorphismes de gènes (ou de combinaisons haplotypiques) spécifiques aux Africains (par exemple, pour les gènes de l'hormone de croissance, de la dihydrofolate réductase ou de l'insuline). J. Wainscoat et ses collaborateurs s'attachent à présent à l'étude de ces polymorphismes particuliers. Il a publié en 1986 des données d'importance sur le polymorphisme TaqI intermédiaire (situé entre les deux gènes Gγ et Aγ) dans diverses populations [1]. Fait remarquable, ce polymorphisme n'a été rencontré que dans certaines populations africaines (incluant les Bantous, mais aussi les Sans d'Afrique du Sud, ce qui signifie qu'il s'agit d'un variant présentant une grande ancienneté), et jamais dans les groupes eurasiatiques étudiés.

La théorie a aussi été étendue à un autre système polymorphe, celui des gènes α-globine [2], au regard desquels les trois populations africaines étudiées (Gambie, Nigeria et Zambie) semblent présenter une similitude remarquable quant aux fréquences (par exemple, les allèles de taille élevée au marqueur hautement variables IZ-RHV y manquent, de même que chez les Mélanésiens). Certains autres marqueurs, comme les polymorphismes SphI et PstI, sont spécifiques de l'Afrique, alors que les marqueurs BglI et BglII le sont pour l'Eurasie. Peu d'individus sont homozygotes pour les haplotypes α-globine, ce qui témoigne d'une grande diversité haplotypique à ce locus ; l'haplotype Iα est commun dans les populations eurasiatiques, et il est possible que le IIc soit spécifique des Asiatiques et le IIIf des Africains.

---

1. J. S. Wainscoat, A. E. Kulozik, M. Ramsay, A. G. Falusi, D. J. Weatherall, « A TaqI γ-globin DNA polymorphism », *Hum. Genet.* (1986), **74**, p. 90-2.

2. A. V. S. Hill, J. S. Wainscoat, « The evolution of α and β-globin gene clusters in human populations », *Hum. Genet.* (1986), **74**, p. 16-23.

*Vérification et extension de la théorie*

Plus récemment, J. Long et ses collaborateurs [1], travaillant au Département de biostatistiques de l'Université de Pittsburgh, ont vérifié et étendu la théorie initiale de J. Wainscoat relative aux polymorphismes de la région β-globine sur un certain nombre de points. Les données de ces auteurs portent sur 222 chromosomes nouveaux, auxquels ont été combinées d'autres observations antérieures (y compris les données de Wainscoat) concernant 591 chromosomes (seuls ont été inclus dans l'étude les chromosomes comportant les gènes β-globine normaux, de façon à éviter tout biais sélectif). Les populations concernées couvrent un éventail plus large de pays : des Africains (Nigérians, Béninois, Sénégalais), des Européens du Nord (Anglais et Allemands), des Méditerranéens (Italiens, Grecs, Chypriotes), des Indiens, des Thaïlandais, des Chinois, deux groupes de Mélanésiens et des Polynésiens. Seize haplotypes ont été observés (sur les 32 théoriquement possibles), mais cinq (de 2 à 6) seulement d'entre eux (tableau 3) dépassent la fréquence de 0,02. Tout comme dans l'étude de Wainscoat, l'haplotype +−−−− y est le plus répandu, avec une fréquence moyenne de 0,60 ; cet haplotype est rare chez les Africains (avec une fréquence de 0,063), et sa fréquence varie de façon importante (de 0,434 à 0,867) dans les populations non africaines. Les Africains sont distincts des populations non africaines relativement à deux autres haplotypes : l'haplotype −−−−+ est présent chez plus de la

1. J. C. Long, A. Chakravarti, C. D. Boehm, S. Antonorakis, H. H. Kazazian, « Phylogeny of human β-globin haplotypes and its implications for recent human evolution », *Am. J. Phys. Anthropol.* (1990), **81**, p. 113-30.

Tableau 3. *Liste et fréquence des 16 haplotypes rencontrés (à comparer aux données du tableau 2) dans les différents groupes étudiés* (d'après Long et collaborateurs, 1990).

Les conventions pour la nomenclature des haplotypes sont les mêmes que pour le tableau 2. Les pourcentages sont donnés en fréquences (0,018 = 1,8 %, 0,109 = 10,9 %, 0,782 = 78,2 %, etc.) Chaque groupe est constitué d'individus appartenant aux nationalités indiquées dans le texte.

| Haplotypes | Africains | Européens | Méditerranéens | Indiens | Thaïlandais | Chinois | Mélanésiens | Polynésiens | Fréquence moyenne de chaque haplotype |
|---|---|---|---|---|---|---|---|---|---|
| 1. ----- | 0,000 | 0,000 | 0,000 | 0,007 | 0,000 | 0,000 | 0,012 | 0,018 | 0,005 |
| 2. +---- | 0,063 | 0,434 | 0,657 | 0,568 | 0,797 | 0,867 | 0,676 | 0,782 | 0,603 |
| 3. ----+ | 0,532 | 0,019 | 0,000 | 0,000 | 0,000 | 0,000 | 0,012 | 0,000 | 0,055 |
| 4. -+--+ | 0,152 | 0,000 | 0,005 | 0,007 | 0,025 | 0,000 | 0,023 | 0,073 | 0,030 |
| 5. -+-++ | 0,139 | 0,377 | 0,196 | 0,223 | 0,114 | 0,067 | 0,168 | 0,109 | 0,182 |
| 6. -++-+ | 0,025 | 0,113 | 0,113 | 0,122 | 0,051 | 0,033 | 0,017 | 0,000 | 0,069 |
| 7. -++-- | 0,000 | 0,057 | 0,020 | 0,022 | 0,000 | 0,000 | 0,000 | 0,000 | 0,012 |
| 8. +--++ | 0,000 | 0,000 | 0,000 | 0,000 | 0,000 | 0,000 | 0,064 | 0,000 | 0,014 |
| 9. -++++ | 0,000 | 0,000 | 0,000 | 0,000 | 0,000 | 0,000 | 0,029 | 0,018 | 0,007 |
| 10. ++-++ | 0,000 | 0,000 | 0,005 | 0,029 | 0,000 | 0,000 | 0,000 | 0,000 | 0,006 |
| 11. ---++ | 0,000 | 0,000 | 0,000 | 0,007 | 0,013 | 0,033 | 0,000 | 0,000 | 0,004 |
| 12. ++--- | 0,000 | 0,000 | 0,000 | 0,007 | 0,000 | 0,000 | 0,000 | 0,000 | 0,001 |
| 13. +---+ | 0,038 | 0,000 | 0,000 | 0,000 | 0,000 | 0,000 | 0,000 | 0,000 | 0,004 |
| 14. ++--+ | 0,013 | 0,000 | 0,000 | 0,000 | 0,000 | 0,000 | 0,000 | 0,000 | 0,001 |
| 15. +++-+ | 0,025 | 0,000 | 0,000 | 0,007 | 0,000 | 0,000 | 0,000 | 0,000 | 0,004 |
| 16. -+--- | 0,013 | 0,000 | 0,005 | 0,000 | 0,000 | 0,000 | 0,000 | 0,000 | 0,002 |

moitié des Africains (0,532), mais est absent ou rare (moins de 2 %) dans les autres populations ; l'haplotype –+––+ a une fréquence moyenne de 0,030 et est présent dans la plupart des populations (sa fréquence ne monte qu'à 0,073 dans les populations non africaines, alors qu'elle atteint 0,152 chez les Africains). Les valeurs des deux derniers haplotypes les plus fréquents (–+–++ et –++–+) varient selon les populations mais atteignent les fréquences les plus élevées chez les Européens du Nord, les Méditerranéens et les Indiens. D'une façon générale, on peut dire que chaque population comporte quelques-uns des haplotypes les plus fréquents et un petit nombre des haplotypes rares.

*Une mesure plus précise de la diversité*

Une façon simple de mesurer la diversité des haplotypes dans les populations est de les compter. Ce dénombrement ne rend cependant pas compte des fréquences relatives des différents haplotypes, alors que l'hétérozygotie $H$ selon la formule $H = 1 - \Sigma_k p_k^2$ (où $p$ et la fréquence du k[e] allèle) le fait.

Tableau 4. *Mesures de la diversité des haplotypes dans les populations étudiées* (d'après Long et collaborateurs, 1990).
*H* est l'hétérozygotie et *ne* le nombre effectif d'haplotypes.

| Groupes | Nombres d'haplotypes | *H* | *ne* |
|---|---|---|---|
| Afrique | 9 | 0,670 | 3,0 |
| Europe du Nord | 5 | 0,653 | 2,9 |
| Méditerranée | 8 | 0,521 | 2,1 |
| Inde | 10 | 0,611 | 2,6 |
| Thaïlande | 5 | 0,348 | 1,5 |
| Chine | 4 | 0,242 | 1,3 |
| Mélanésie | 8 | 0,509 | 2,0 |
| Polynésie | 5 | 0,371 | 1,6 |

Le nombre effectif d'haplotypes $ne = 1 / (1 - H)$ est une mesure plus précise de la diversité, car elle prend en considération l'apport des haplotypes les plus rares. Le tableau 4 donne les valeurs de ces différents indices pour les groupes de populations étudiées ; on y constate que l'hétérozygotie la plus élevée se rencontre en Afrique, de même que le nombre effectif d'allèles.

*Les Africains sont séparés des autres populations par une analyse en composantes principales*

La figure 10 donne une représentation des distances génétiques parmi les quatorze populations étudiées selon le mode d'analyse en composantes principales. Sur l'axe horizontal, qui rend compte de l'ordre des trois quarts de l'ensemble de la variation, les populations africaines sont clairement séparées des non africaines (ce qui recoupe les données sur la discrimination avec les haplotypes +––––, ––––+ et –+––+). L'axe vertical (≈16 % de la variation) discrimine essentiellement selon le seul haplotype –+–++.

*Une phylogénie des haplotypes β-globine*

Long et ses collaborateurs ont en outre proposé une phylogénie des 16 haplotypes (figure 11). Les prémisses suivantes ont été adoptées à cette fin : les haplotypes qualifiés de plus anciens correspondent aux allèles les plus communs (avec une probabilité égale à leurs fréquences) ; les haplotypes les plus rares dérivent des communs par recombinaison ; les gains de sites par mutation ne se font qu'en une seule occasion (principe de parcimonie) ; les gains et les pertes de sites en parallèle ne s'effectuent que par recombinaison ; tout haplotype recombinant a été attribué au couple d'haplotypes les plus fréquents capable de le produire.

Les trois haplotypes les plus fréquents (+––––, –++–+, et –+–++) ne peuvent être reliés les uns aux autres que par au moins deux étapes de mutation ou de recombinaison. Ces deux derniers haplotypes peuvent cependant dériver des deux autres haplotypes les plus fréquents après eux (–+––+ et ––––+) par une seule étape de mutation.

L'haplotype –––––, bien que rare, a été considéré comme l'haplotype ancestral, car il constitue le lien naturel entre tous les haplotypes primitifs. Il a pu s'être reformé par la suite, par recombinaison entre haplotypes communs. Cet

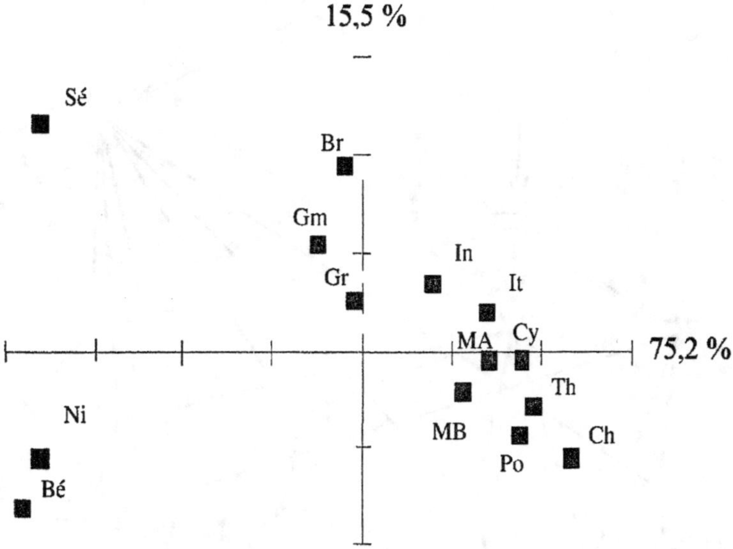


| | Bé | Sé | Br | Gm | It | Gk | Cy | In | Th | Ch | Ma | Mb | Po |
|---|---|---|---|---|---|---|---|---|---|---|---|---|---|
| Ni | 196 | 1247 | 3071 | 2508 | 3875 | 2722 | 4024 | 3245 | 4457 | 5023 | 3403 | 3791 | 4279 |
| | Bé | 1752 | 3417 | 2821 | 4216 | 2728 | 4278 | 3461 | 4728 | 5278 | 3676 | 4098 | 4588 |
| | | Sé | 1302 | 1295 | 2788 | 2019 | 3201 | 2201 | 3872 | 4622 | 2759 | 2936 | 3723 |
| | | | Br | 137 | 503 | 406 | 696 | 265 | 1134 | 1578 | 674 | 707 | 1174 |
| | | | | Gm | 431 | 358 | 587 | 222 | 947 | 1331 | 506 | 548 | 947 |
| | | | | | It | 574 | 34 | 101 | 139 | 312 | 75 | 78 | 173 |
| | | | | | | Gk | 551 | 215 | 897 | 1246 | 525 | 702 | 974 |
| | | | | | | | Cy | 137 | 62 | 189 | 63 | 96 | 116 |
| | | | | | | | | In | 357 | 618 | 140 | 197 | 399 |
| | | | | | | | | | Th | 42 | 115 | 144 | 30 |
| | | | | | | | | | | Ch | 276 | 283 | 85 |
| | | | | | | | | | | | MA | 55 | 106 |
| | | | | | | | | | | | | MB | 131 |
| | | | | | | | | | | | | | Po |

Figure 10. *Représentation des distances entre les quatorze populations étudiées en composantes principales* (d'après Long et collaborateurs, 1990).

Sur l'axe horizontal (variation de 75,2 %), les populations africaines sont très nettement séparées des autres. Ni : Nigeria, Bé : Bénin, Sé : Sénégal, Br : Britanniques, Gm : Allemands, It : Italiens, Gk : Grecs, Cy : Chypriotes, In : Indiens, Th : Thaïlandais, Ch : Chinois, MA et MB : deux groupes de Mélanésiens, Po : Polynésiens. Les distances (× $10^4$) sont celles des couples de populations concernées (comparer au tableau de la figure 9).

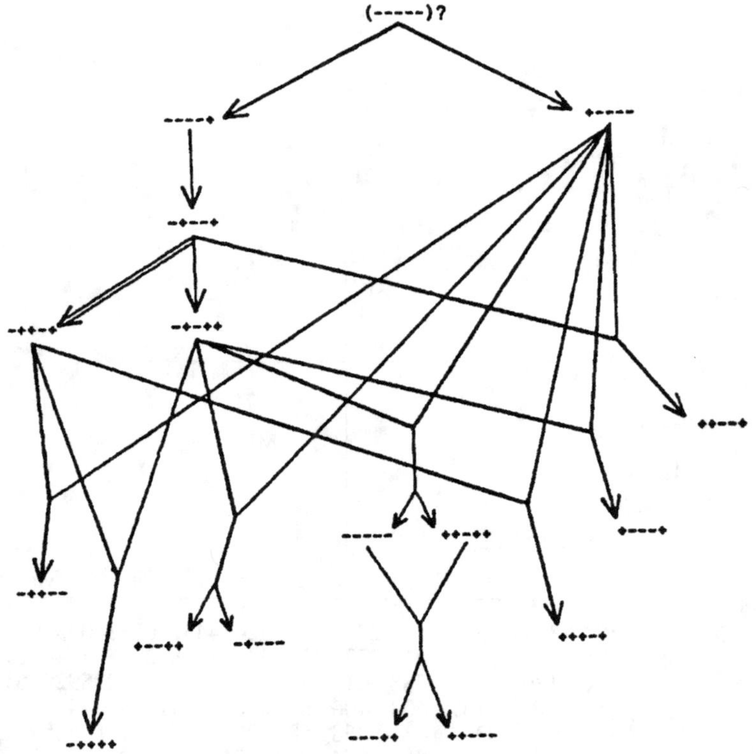


Figure 11. *Phylogénie expliquant la filiation des seize haplotypes ß-globine observés* (d'après Long et collaborateurs, 1990).

Les mutations sont représentées par →, la conversion par ⇒, les recombinaisons par >—<.

haplotype -----, représenté au sommet de la phylogénie, a cependant été figuré entre parenthèses (et avec un point d'interrogation), car les auteurs considèrent comme peu probable qu'il représente réellement le véritable haplotype ancestral (identique par descendance à ce dernier).

Tous les haplotypes dont il a été question jusqu'ici sont qualifiés d'haplotypes de 1er ordre, car ils peuvent dériver les uns des autres selon des étapes uniques de mutation. Les autres haplotypes sont produits par recombinaison. Si l'on considère les 60 événements de recombinaison possibles entre les haplotypes de 1$^{er}$ ordre à l'occasion de 15 appariements entre les 6 chromosomes et les recombinaisons possibles entre les 4 régions intersites, 120 produits sont obtenus, 79 d'entre eux étant identiques à ceux qui leur ont donné naissance ; parmi les 41 nouveaux haplotypes, 12 seulement sont en fait distincts. Pour déterminer la probabilité d'apparition des haplotypes de 2$^{e}$ ordre, il faut connaître les fréquences des haplotypes de 1$^{er}$ ordre ainsi que les taux de recombinaison correspondants (ces deux paramètres étant inconnus). Mais neuf des douze haplotypes possibles de 2$^{e}$ ordre (et même un dixième, –+–+–, trouvé par la suite) sont effectivement observés dans l'échantillon, ce qui montre qu'il n'existe pas de correspondance stricte entre haplotypes de 1$^{er}$ et de 2$^{e}$ ordre. Parmi les haplotypes de 3$^{e}$ ordre, un seul d'entre eux (++–––) a été observé : il est produit par recombinaison entre deux haplotypes de 2$^{e}$ ordre.

Globalement, et pour les haplotypes non recombinés, la phylogénie se présente de la façon suivante : les deux branches initiales sont constituées par mutation à partir de ––––- pour donner ––––+ et +––––. Par une seule mutation supplémentaire, ––––+ peut donner naissance à –+––+. Une fois ces haplotypes de 1$^{er}$ ordre formés, ils peuvent par recombinaison aboutir à ++––+. Pour ce qui concerne la formation des autres haplotypes de 1$^{er}$ ordre, il a été admis que –+–++ dérivait de –+––+ par création d'un nouveau site de restriction. Par contre, –++–+ a pu être produit à partir de –+––+ par conversion (mécanisme déjà décrit au niveau moléculaire pour les gènes β-globine, ce qui aboutit au remplacement d'une séquence par une autre au niveau de la région homologue de l'autre chromosome parental). Tous les autres haplotypes dérivent des derniers haplotypes par recombinaison.

La théorie de l'origine africaine est confortée par le fait que les haplotypes africains caractéristiques (––––+ et –+––+) correspondent aux haplotypes de 1er ordre primitifs (à l'exception de l'ancestral –––––) d'une des deux branches initiales, représentés dans cette population par des fréquences respectables. Il avait été suggéré initialement [1] que –+––+ aurait pu être formé par recombinaison entre –+–++ et –++–+ ; cette explication n'était pas satisfaisante, car –+–++ et –+––+ sont moins fréquents en Afrique que –+––+. Ce paradoxe est résolu, selon la phylogénie précédente, qui a montré que –+––+ a muté à partir de ––––+, et est à l'origine à la fois de –+–++ et de –++–+.

1. E. Giles, S. H. Ambrose, « Are we all out of Africa ? », *Nature* (1986), **322**, p. 21-2.

# 5

# Argumentation fondée sur l'ADN mitochondrial

Les résultats obtenus sur le polymorphisme de l'ADN mitochondrial confirment l'origine africaine de l'Homme moderne et ont permis, en outre, de montrer que la variété des mitochondries humaines actuelles avait divergé à partir d'une seule forme initiale : celle de l'« Ève de l'humanité », il y a de cela approximativement 200 000 ans.

## *Particularités de l'ADN mitochondrial*

Les mitochondries sont des organites cellulaires intervenant dans les phénomènes de respiration, d'environ 5 μ (microns) de longueur et présentes dans la plupart de nos cellules. Leur nombre varie d'une cellule à l'autre, selon les besoins énergétiques : la plus grosse cellule humaine, l'ovule, comporte des centaines de milliers de mitochondries, alors que le spermatozoïde n'en contient que quelques dizaines seulement. Les mitochondries ont leur propre matériel génétique, indépendant de l'ADN nucléaire. L'ADN mitochondrial (ADN*mt)* humain, circulaire (c'est-à-dire fermé) et de petite taille, a été complètement séquencé [1] : il est constitué de

---

1. S. Anderson, A. T. Bankier, B. G. Barrell, M. H. L. De Bruyn, A. R. Coulson, J. Drouin, I. C. Eperon, D. P. Nierlich, B. A. Roe, F. Sanger, P. H. Schreier, A. J. H. Smith, R. Staden, I. G. Young, « Sequence and organisation of the human mitochondrial genome, » *Nature* (1981), **290**, p. 457-65.

16 569 paires de bases (pb), soit approximativement 200 000 fois plus petit que l'ensemble du génome, et comporte un certain nombre de gènes, codant pour sa propre machinerie cellulaire : des ARNs ribosomiques, des ARNs de transfert, ainsi que d'autres gènes codant pour certaines protéines de la respiration cellulaire, notamment les sous-unités de 1 à 6 de la déshydrogénase à NADH et celles de la cytochrome oxydase. La

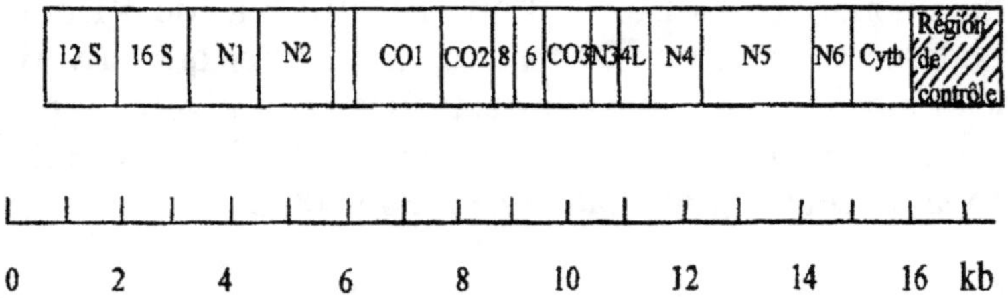


Figure 12. *Carte des gènes de l'ADN mitochondrial.*

Sur cette représentation, la molécule d'ADN mitochondrial a été linéarisée, le point arbitraire de départ sur la gauche de la molécule correspondant au début du gène codant pour l'ARN de transfert de la phénylalanine. Sur la carte, les zones non figurées (traits) correspondent à 22 gènes d'ARN de transfert différents ; les autres régions codantes correspondent aux cases blanches : les deux gènes ARN ribosomiques 12S et 16S, les gènes codant pour les six sous-unités de la déshydrogénase à NADH (de N1 à N6), pour les trois sous-unités de la cytochrome oxydase (CO1 à CO3), et pour les deux sous-unités de l'ATPase (6 et 8), et pour le cytochrome b. La région de contrôle est hachurée.

figure 12 donne une représentation de la carte des gènes de l'ADN mitochondrial telle qu'on la connaît aujourd'hui. L'ADN mitochondrial constitue assurément le groupement de gènes le mieux connu dans l'ensemble du génome humain.

Plusieurs particularités de l'ADN mitochondrial en font une molécule très utilisée pour l'étude de l'évolution humaine. Chaque homme contient à peu près $10^{16}$ de ces molécules (extranucléaires et en conformation compacte — c'est-à-dire d'extraction facile pour l'expérimentateur), réparties en une centaine à un millier de copies selon les cellules. Cet ensemble de particularités aboutit au fait qu'il est facile par conséquent d'obtenir, de purifier et d'étudier un tel matériel. De plus, chacune des molécules extraites à partir d'un individu donné est rigoureusement semblable aux autres, et provient presque exclusivement du lot de mitochondries de la mère de cet individu. On peut donc dire qu'à l'égard de l'ADN mitochondrial, l'hérédité humaine se transmet selon le mode haploïde, c'est-à-dire de façon uniparentale ; il est par conséquent plus sensible aux effets de la réduction sévère du nombre d'individus composant l'effectif d'une population que l'ADN nucléaire, ce dernier étant diploïde sur la plus grande partie de sa longueur ; une modalité particulière importante de transmission de l'ADN*mt* consiste en outre en ce qu'elle est de type maternel — bien que les deux sexes aient des mitochondries —, sans contribution paternelle ni recombinaison, et qu'elle s'accompagne d'une réduction drastique de la taille effective de la population des mitochondries dans chaque lignée à chaque génération aux seules d'entre elles qui sont contenues dans les œufs fécondés. Alors que chaque couple humain transmet à sa descendance quatre lots haploïdes (deux de chaque parent) des gènes du noyau cellulaire, un seul type d'ADN mitochondrial (inchangé de génération en génération, sauf en cas de mutation, alors que les gènes nucléaires recombinent normalement lors de chacune des méioses successives au cours des générations) est transmis séparément dans les lignées iso-femelles ainsi individualisées ; cette seconde particularité fait que l'ADN mitochondrial constitue un outil très fin d'étude, permettant l'identification et la comparaison de ses différentes formes parmi les individus d'une même population, ou de celles provenant de populations géographiquement différentes.

Une troisième propriété de l'ADN mitochondrial, établie lors des comparaisons entre les vitesses de changement au niveau des séquences d'ADN*mt* entre hommes et singes, montre que cet ADN évolue de cinq à dix fois plus vite (cela est dû à la fois au taux de mutation de la molécule et à la probabilité pour qu'une mutation ainsi apparue soit retenue) que l'ADN nucléaire (vraisemblablement parce que l'ADN*mt* semble appauvri dans son système de réparation des mutants spontanés) ; il en résulte que les modifications survenues au cours de l'histoire de ces espèces apparaissent accélérées lorsque l'on étudie leur ADN*mt*, et donc mieux discernables au cours de courtes périodes de temps.

Les polymorphismes de restriction individuels peuvent être étudiés sur l'ADN mitochondrial. Pour ce faire, ce type de molécule, une fois extraite et purifiée, est marquée de façon terminale au $^{32}P$ et digérée par une ou plusieurs enzymes de restriction, et les fragments qui en résultent peuvent être séparés par la suite sur gel de polyacrylamide à haute résolution (ce qui accroît la sensibilité de la technique après marquage radioactif des extrémités). De la comparaison, lors de l'examen, des fragments obtenus sur l'autoradiogramme dans le cas du variant avec le dessin de ceux prédits selon la séquence d'ADN mitochondrial séquencé de référence, il est possible de localiser sur la carte initiale l'endroit où la substitution de base responsable du changement de site s'est produite. Cela permet la construction de cartes de restriction extrêmement précises et détaillées, en rapport direct avec la séquence. De plus, dans le cas particulier où ce changement provoque le gain ou la perte d'un nouveau site de restriction, présent ou absent au niveau de la séquence de référence, il est alors aisé d'établir de façon ponctuelle quel est précisément le site au niveau duquel la modification est survenue.

*L'origine africaine de l'Homme moderne fondée sur l'ADN mitochondrial*

Rebecca Cann, maintenant enseignante à l'Université d'Hawaï mais qui élabora sa théorie dans le laboratoire du regretté professeur Allan C. Wilson (du département de biochimie à l'Université de Californie, Berkeley), a mené à bien les travaux suivants [1].

Les ADNs mitochondriaux provenant de 148 placentas (ou culture) purifiés à partir d'individus de cinq origines géographiques distinctes (46 Caucasiens : d'Europe, d'Afrique du Nord et du Moyen-Orient ; 20 Africains d'Afrique subsaharienne ; 34 Asiatiques ; 21 aborigènes d'Australie et 26 de Nouvelle-Guinée) ont été obtenus puis digérés par 12 enzymes de restriction différentes (de façon plus précise : HpaI, AvaII, FnuDII, HhaI, HpaII, MboI, TaqI, RsaI, HinfI, HaeIII, AluI et DdeI), ce qui a permis d'étudier leur polymorphisme de restriction au moyen de gels d'acrylamide à haute résolution. De cette façon, et par comparaison au premier ADN mitochondrial séquencé pris comme référence, 467 sites indépendants ont été mis en évidence, dont 195 polymorphes (chaque individu a été, lors de cette analyse, étudié en moyenne sur 370 sites de restriction, ce qui représente à peu près 9 % de son ADN mitochondrial). Ces 148 ADNs ont pu être répartis selon 134 types mitochondriaux distincts, 7 d'entre eux ayant été retrouvés chez plus d'un individu.

La répartition de ces différents types a amené Rebecca

---

1. R. L. Cann, M. Stoneking, A. C. Wilson, « Mitochondrial DNA and human evolution », *Nature* (1987), **325**, p. 31-6.

Cann aux trois conclusions principales suivantes :

— *Les Africains constituent un groupe ethnique beaucoup plus variable que les autres groupes étudiés* (la mesure de la diversité des types mitochondriaux est de 0,47 pour les Africains, alors qu'elle n'est que de 0,35 chez les Asiatiques, et tombe aux environs de 0,25 dans les autres groupes). Ce premier résultat confirme, tout en le quantifiant de façon exhaustive, les observations de même nature sur la diversité des haplotypes dans la région des gènes β-globine exposés au chapitre précédent.

Mais il y a plus ici : si l'on admet que la plupart des variations de l'ADN mitochondrial sont sélectivement neutres [1], il en résulte que leur apparition puis leur accumulation seront principalement fonction du temps écoulé ; plus une population est variable, plus elle est vieille. Comme les Africains sont les plus diversifiés, il en résulte qu'ils doivent être les plus anciens.

La diversité a aussi été étudiée selon la répartition des types polymorphes dans les différentes régions au niveau de la carte de l'ADN mitochondrial. La zone la plus variable, pour tous les groupes de population comparés, correspond à la région dite de régulation (partie non codante la plus importante de la molécule, intervenant probablement dans les mécanismes de réplication de la molécule d'ADN*mt*) ; en cet endroit, la population la plus diversifiée est aussi représentée par le groupe africain (et il en est pratiquement ainsi pour toutes les autres parties

---

1. T. S. Whittman, A. G. Clark, M. Stoneking, R. L. Cann, A. C. Wilson, « Allelic variation in human mitochondrial genes based on patterns of restriction polymorphism », *Proc. Natl. Acad. Sci. USA* (1988), **83**, p. 9611-5.

de la molécule de l'ADN mitochondrial). Cette particularité a été largement utilisée par la suite, à l'occasion d'études très détaillées (par la technique PCR — réaction de polymérisation en chaîne permettant l'obtention d'une grande quantité d'ADN à partir d'un tout petit nombre de molécules cibles — et le séquençage direct de l'ADN*mt* (voir sur ce point le dernier chapitre de ce livre) portant sur cette zone très résolutive de la molécule.

— *Un arbre généalogique des 134 types d'ADN mitochondrial a été élaboré, par application du principe de parcimonie.*

Cet arbre (représenté sur la figure 13), qualifié « d'arbre de longueur minimale », a été construit de façon à relier les différents types d'ADN mitochondrial entre eux par le plus petit nombre possible de changements en chacun des sites de restriction variables (398 mutations en tout, comprenant à la fois les changements dans les sites de restriction observés et d'autres modifications postulées). Ainsi constitué, l'arbre se divise en deux grandes branches (la première ne contenant que des types africains et la seconde tous les autres types, ainsi que certains types africains non inclus dans la première branche) à partir d'un type ancestral *a*.

Tout comme J. Wainscoat donc, Rebecca Cann a été conduite à conclure de l'examen de ses résultats expérimentaux et de leur traitement que l'origine de l'Homme moderne était africaine ; en effet, l'examen de l'arbre de longueur minimale indique bien que l'Afrique est très probablement le continent d'où dérive l'ensemble du pool d'ADN mitochondrial ; les deux branches principales de cet arbre sont constituées, pour la première exclusivement

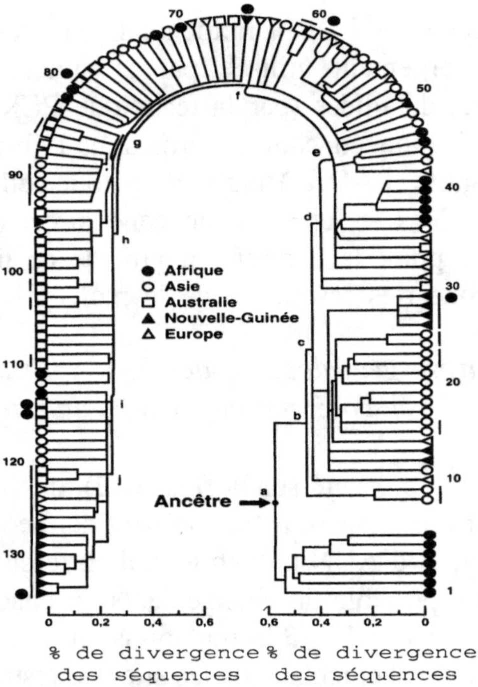


Figure 13. *Arbre généalogique des 134 types d'ADN mitochondrial* (d'après Cann, Stoneking et Wilson, 1987).

L'arbre de branchement a été obtenu en se fondant sur 93 sites polymorphes, en ne tenant pas compte des sites présents ou absents chez un seul type. Le programme informatique mis en œuvre (version PAUP 2.4 = « Analyse Phylogénique en Utilisant la Parcimonie ») a produit un réseau sans racine, converti en arbre en plaçant les formes ancestrales (de *a* à *j*) aux points médians de séparation des différents groupements successifs. Les différents types sont numérotés de 1 à 134 le long du bord externe de cette représentation en forme de U inversé (parmi eux le type 1 correspond à une lignée cellulaire produite à partir d'un aborigène sud-africain Kung ; le type 45 à partir d'un Noir américain ; le type 110 correspond à l'ADN mitochondrial de référence, dont la séquence a été réalisée). Les traits noirs sur les bords du U indiquent les groupes de types provenant d'une même région géographique, et les ronds les types trouvés chez plus d'un individu étudié. Les niveaux de divergence des séquences, donnés sur les deux échelles en bas de la figure, ont été établis selon les différences observées aux 195 sites polymorphes. Seuls (à l'exclusion de tout autre type de modifications) les sites de restriction polymorphes ont été pris en considération lors de la constitution de cet arbre.

d'ADNs mitochondriaux africains (types de 1 à 7), et pourla seconde de l'ensemble de tous les types présents dans les autres races, y compris d'autres types africains (de 37 à 41, 45, 46, 70, 72, 81, 82, 111 et 113). C'est en effet en postulant que l'ADN mitochondrial ancestral est bien de type *a* et africain que l'on peut rendre compte de la filiation des autres types, en ne faisant pour cela intervenir qu'un nombre minimal de migrations intercontinentales nécessaires pour expliquer la distribution géographique actuelle des différentes formes d'ADNs non africains à partir du second type ancestral supposé *b*.

— Un troisième point important découlant du travail de Rebecca Cann, et visible sur l'arbre de la figure 13, est que *chaque population non africaine doit avoir des origines multiples*. Cela est particulièrement bien illustré par l'exemple des habitants de la Nouvelle-Guinée, dont l'ADN mitochondrial a tout particulièrement été étudié par l'autre élève le plus célèbre du professeur Wilson, Mark Stoneking : le type de Nouvelle-Guinée n° 49 de l'arbre est plus proche du type 50 (asiatique) que de n'importe quel autre, ce qui précise ses affinités ; de même, les autres types de la Nouvelle-Guinée (les types 12, 13, 26 à 29, 65, 95 et 127 à 134) prennent leur origine en des endroits bien différents dans l'arbre. Les résultats obtenus à partir de l'ADN mitochondrial établissent ainsi que cette contrée, pourtant si particulière, a été colonisée à au moins sept reprises différentes. De la même façon, le nombre minimal de colonisations successives pour l'Australie a pu être estimé à 15, à au moins 27 pour l'Asie, et à 36 pour l'Europe [1], en se fondant là

1. A. C. Wilson, R. L. Cann, S. M. Carr, M. George, U. B. Gyllensten, K. M. Helm-Byochowski, R. G. Higuchi, S. R. Palumbi, E. M. Prager, R. D. Sage, M. Stoneking, « Mitochondrial DNA and two perspectives on evolutionary genetics », *Biol. J. Linn., Soc.* (1985), **26**, p. 375-400.

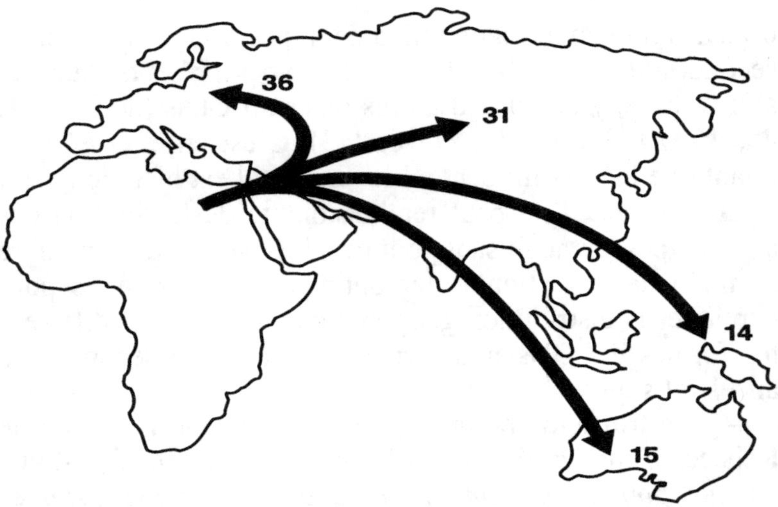


Figure 14. *Carte montrant les voies de migrations des lignées d'ADNmt à partir de l'Afrique vers l'Europe, l'Asie, la Nouvelle-Guinée et l'Australie* (d'après Wilson et collaborateurs, 1987).

Le chiffre minimal de lignées donné pour chacune des quatre contrées colonisées est déterminé en comptant le nombre de groupements d'ADN*mt* sur l'arbre de longueur minimale (les échantillons asiatiques et de Nouvelle-Guinée ont fait l'objet d'études complémentaires, par rapport aux chiffres indiqués dans le texte, lors de la réalisation de cette figure pour les différentes régions).

aussi sur les groupements de types et leur disposition dans l'arbre (figure 14). Les auteurs ont signalé à ce sujet que ces chiffres avaient toutes les chances d'être réévalués à l'avenir, au fur et à mesure que de nouveaux types d'ADNs mitochondriaux seraient découverts.

### *Estimation de la date d'apparition du type d'ADN mitochondrial ancestral*

A. Wilson a également donné une estimation de la date approximative à laquelle le type ancestral *a* était survenu [1]. Il faut pour cela admettre que le taux de changement de bases dans l'ADN mitochondrial est constant au cours de l'évolution humaine : or, comme on sait qu'historiquement la Nouvelle-Guinée, l'Australie et le Nouveau Monde ont été colonisés il y a respectivement à peu près 40 000, 40 000

Tableau 5. *Estimation des taux d'évolution de l'ADN mitochondrial* (d'après Wilson et collaborateurs, 1987).

| Régions | Ages de colonisation (en années) | Pourcentages de divergence (par millions d'années) |
|---|---|---|
| Nouvelle-Guinée | de 40 à 50 000 | de 2,2 à 6,2 et de 1,8 à 5 |
| Australie | de 40 à 50 000 | de 4,0 à 7,2 et de 3,2 à 5,8 |

et 12 000 ans, il est possible d'en déduire (tableau 5) que le taux moyen de divergence de l'ADN mitochondrial est de 2 à 4 % par million d'années. Cela confirme des données précédemment établies sur cette vitesse chez diverses espèces animales : on savait déjà en effet, grâce aux mesures dans les divergences de séquences chez un certain nombre d'espèces de Vertébrés (l'horloge moléculaire de l'évolution), que le taux moyen d'évolution de l'ADN mitochondrial était aussi de 2 à 4 % par million d'années. Comme le type *a* a divergé en moyenne de 0,57 % approximativement, *il en résulte que cet ancêtre commun de tous les types d'ADN mitochondrial existant de nos jours a dû apparaître il y a environ de 140 000 à 290 000 années* (de 142 500 à 285 000 ans exactement, selon un calcul fondé sur les taux de divergence de 2 à 4 %).

Ces dates ont cependant été données comme tout à fait

1. M. Stoneking, K. Bhatia, A. C. Wilson., « Rate of sequence divergence estimated from restriction maps of mitochondrial DNA from Papua New Guinea », *Cold Spring Harb, Quant. Biol.* (1986), **51**, p. 433-9.

approximatives car, en plus de l'imprécision due à la mesure même de ces taux, les estimations des divergences moyennes des séquences ont probablement dû être considérablement biaisées, notamment par les effets d'échantillonnage et les facteurs stochastiques (c'est-à-dire de hasard). L'ensemble de ces perturbations est bien entendu difficile à estimer avec précision, mais Wilson et ses collaborateurs ont bien volontiers admis que les erreurs associées à un tel calcul devaient être importantes : ils estimèrent plus tard que l'ancêtre mitochondrial que nous avons en commun était « sûrement présent à –50 000, mais probablement pas à –500 000 ans ». Les données fondées sur les séquences présentées ultérieurement fournissent une meilleure estimation de ces datations, tout en les confirmant. Plus problématique encore est la date d'extension des peuplements situés hors de l'Afrique ; le plus ancien groupement de types d'ADN mitochondrial n'incluant pas de membres africains est celui qui comprend les types de 11 à 29 de la figure 13 à partir de l'ancêtre *c*, et dont l'âge d'apparition se situerait, selon les estimations de l'époque, entre 90 000 et 180 000 années.

Il convient de signaler que cette date d'approximativement 200 000 ans correspond en fait à celle de l'origine des types d'ADN*mt*, c'est-à-dire à celle de l'apparition de l'haplotype ancestral. Cette date est souvent confondue à tort dans la littérature avec l'origine des populations de l'Homme moderne, qui, selon les données de la paléontologie humaine et de l'archéologie (notion confirmée par les mesures réalisées plus tard à l'occasion des vastes enquêtes concernant les marqueurs de l'ADN nucléaire), est d'environ 100 000 ans plus tardive. Remarquons que cette dernière date est clairement en faveur de la théorie du remplacement, *versus* les hypothèses de type multirégional.

*Travaux antérieurs réalisés sur l'ADN mitochondrial*

En fait, les travaux de Wilson et de ses collaborateurs s'inscrivent dans la continuité d'autres résultats obtenus sur l'ADN mitochondrial. Des expériences de même nature avaient en effet déjà été réalisées précédemment par un autre groupe de chercheurs : ainsi Johnson et ses collaborateurs [1], du groupe du professeur L. Cavalli-Sforza au département de génétique de l'Université de Stanford, avaient dès 1983 comparé l'ADN mitochondrial — au moyen d'une technique moins sensible — d'environ 200 personnes (comprenant deux groupes africains — des Bantous et des Bochimans —, un groupe caucasien, un groupe indien du Venezuela et un groupe sino-japonais) à l'aide de cinq enzymes de restriction seulement ; 35 types avaient ainsi été déterminés, dont 3 qualifiés de « centraux » (c'est-à-dire à partir desquels la plupart des autres pouvaient être dérivés, en ne faisant intervenir qu'un petit nombre de mutations dans des ordres bien définis).

L'arbre représentatif de ces différentes populations (figure 15) montre que la branche des Bochimans se serait séparée la première, la scission suivante se situant entre les Bantous et l'ensemble des autres groupes. Bien que la conclusion initiale de ces auteurs ait été que le groupe asiatique était le plus ancien, le réexamen de leur arbre dans le contexte de ce que l'on sait aujourd'hui montre qu'en réalité c'était l'ensemble africain étudié qui présentait la diversité la plus importante de l'ADN mitochondrial : ce nouvel examen a

---

1. M. J. Johnson, D. C. Wallace, S. D. Ferris, M. C. Rattazi, L. Cavalli-Sforza, « Radiation of human mitochondrial DNA types analysed by restriction endonuclease cleavage patterns », *J. Mol. Evol.* (1983), **19**, p. 255-71.

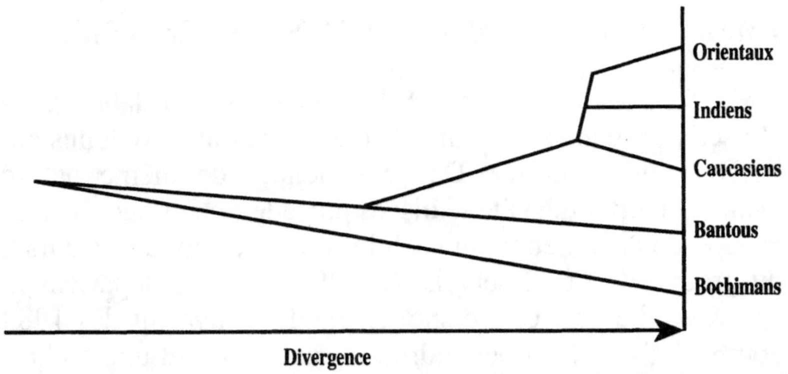


Figure 15. *Arbre dérivé des données sur l'ADN mitochondrial comparé dans cinq populations* (d'après Johnson et collaborateurs, 1983).

En fait, l'arbre représenté ici n'a cette forme que si sa racine est placée entre la branche qui sépare les Bochimans des autres groupes, et il est alors nécessaire d'admettre que les vitesses d'évolution sont identiques selon ses différentes branches. Initialement, les auteurs avaient préféré placer la racine de cet arbre (surtout à cause de l'existence des trois types mitochondriaux centraux, communs à toutes les ethnies étudiées) entre le point de séparation des Africains d'avec les autres races ; il en résultait que la vitesse d'évolution (déduite) des Bochimans était de l'ordre de deux fois celle des Bantous, et de trois à cinq fois celle des autres groupes.

en effet permis de conclure que l'origine était bien africaine (il avait été postulé par ces auteurs que le taux de mutation de l'ADN mitochondrial était le plus élevé chez les Bochimans que dans les autres groupes en raison de leur effectif réduit, mais il n'existe en fait aucune évidence directe de cela). Cependant, les compilations franco-suisses [1] récentes sur le sujet continuent d'admettre l'interprétation de l'origine asiatique, alors que L. Cavalli-Sforza a reconnu depuis

1. L. Excoffier, A. Langaney, « Origin and differenciation of human mitochondrial DNA », *Am. J. Hum. Genet.* (1989), **44**, p. 73-85 ; L. Excoffier, « Evolution of human mitochondrial DNA : evidence from departures from a pure neutral model of populations at equilibrium », *J. Mol. Evol.* (1990), **30**, p. 125-39.

longtemps s'être trompé ! En outre, le principe admis dans de ce type d'interprétation est que les fréquences observées sont à l'équilibre, alors qu'il est hautement vraisemblable qu'en fait celui-ci n'a pas eu le temps de s'établir.

Les mêmes auteurs américains ont utilisé leurs données pour proposer une estimation du temps de divergence entre les différents groupes étudiés, séparés par une distance moyenne de 1,12 ± 0,33 (en %). Sachant qu'une proportion, semblable selon les espèces, de nucléotides de l'ADN mitochondrial humain, du Chimpanzé et du Gorille (les espèces de singes anthropoïdes les plus proches de l'Homme) sont distants de 9,9 % de séquences pour des espèces séparées depuis 5 à 7 millions d'années [1], il est possible d'en déduire (connaissant le nombre de nucléotides comparés dans les diverses ethnies) le temps de divergence entre les différents groupes : ce temps calculé, après application d'un facteur correctif résultant du nombre différentiel de nucléotides comparés entre les espèces de singes et dans les différents groupes humains, fait remonter la différence entre les divers groupes ethniques à 100 000 ans environ. Cette date, établie de façon indépendante (fondée ici sur une méthode classique à faible résolution électrophorétique des fragments de restriction, et aboutissant à une mesure du temps de divergence calculée sur la base d'une référence externe par rapport aux groupes concernés), corrobore complètement les résultats plus récents du groupe de Wilson et aboutissent exactement à la même valeur.

1. W. M. Brown, « Polymorphisms in mitochondrial DNA of humans as revealed by restriction endonuclease analysis », *Proc. Natl. Acad. Sci. USA* (1990), **77**, p. 3605-9.

*Précisions sur la nature de l'« Ève mitochondriale »*

La notion d'Ève mitochondriale, qui a été très médiatisée (et bien souvent en dépit du bon sens !), doit être clairement précisée [1] si l'on veut éviter qu'elle ne reste fictive (figure 16). Je retiendrai trois points :

— Cette notion d'Ève ne concerne *que le seul ADN mitochondrial*, et non l'ensemble des gènes nucléaires.

— Il convient ensuite de bien se rendre compte que *le type d'ADN ancestral postulé n'est en fait que celui qui a survécu.* Imaginons une population composée de 10 000 mères, et supposons que chacune d'entre elles ait en moyenne deux enfants ; dans une population à effectif constant au cours des générations successives, un certain nombre de lignées seront perdues, car des mères particulières n'ont pas eu de descendance. La théorie mathématique de la dérive génétique, c'est-à-dire l'évolution sous l'influence du seul hasard dans des populations à effectif limité — et plus particulièrement celle qui concerne la généalogie d'un gène et de ses mutations (modèle de la coalescence selon Kingman) — prédit qu'après 10 000 générations, toutes (à l'exception d'une seule) se seront éteintes ; on peut donc en conclure que tous les descendants actuels observés dérivent en fait, par simple survivance de la lignée, d'une seule mère (qui est la fondatrice de la population).

En outre, à chaque génération, apparaissent de nouvelles mutations qui constituent d'autres types. Dans le cas d'une population à l'équilibre (c'est-à-dire où le nombre total

1. A. C. Wilson, M. Stoneking, R. L. Cann, E. M. Prager, S. D. Ferris, L. A. Wrischnik, R. G. Higuchi, « Mitochondrial class and the age of our common mother », Vogel and Sperlings Ed, Springer-Verlag, Berlin, 1987.

d'individus reste constant au cours du temps), on constatera un nombre constant des différents types d'ADN*mt* (l'extinction des vieux types par dérive équilibrant la création des nouveaux types par mutation). Plus le temps passera, plus la proportion des types originaux diminuera par dérive, alors que celle des nouveaux atteindra une probabilité de 1 à la fin du processus (il en résultera même qu'à cette limite, aucun des types ancestraux n'auront été retenus dans l'actuelle tranche de temps).

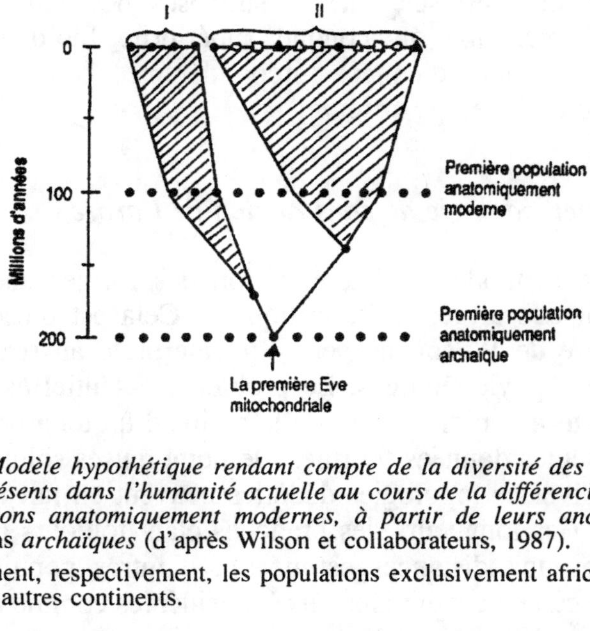


Figure 16. *Modèle hypothétique rendant compte de la diversité des types d'ADNmt présents dans l'humanité actuelle au cours de la différenciation des populations anatomiquement modernes, à partir de leurs ancêtres* Homo sapiens *archaïques* (d'après Wilson et collaborateurs, 1987).

I et II indiquent, respectivement, les populations exclusivement africaines et celles des autres continents.

Sur la figure 16, les cercles noirs indiquent les types africains, et les autres symboles les autres types d'ADN*mt* non africains. L'Ève mitochondriale d'il y a 200 000 ans était probablement d'aspect archaïque ; à partir d'un seul des types d'ADN*mt* correspondant sont apparus huit types à

– 100 000 ans, et finalement, après mutation, quinze types dans la tranche actuelle de temps (les aires hachurées incluent la descendance à partir de deux mères — donnant les lignées I et II — dont les deux types d'ADN*mt* dérivent d'un même type ancestral). Le but de cette représentation est de montrer comment les types d'ADN*mt* actuels peuvent dériver d'une seule forme ancestrale, elle-même correspondant à une morphologie archaïque.

— Enfin, *la survivance n'implique aucun avantage sélectif de ces types particuliers d'ADNmt* (rappelons que les marqueurs utilisés ont été supposés neutres), permettant d'affirmer une quelconque supériorité biologique de la lignée numériquement prépondérante dans la tranche actuelle de temps observé.

### *La méthodologie de construction de l'arbre*

La méthode de détermination des formes ancestrales à partir des arbres a été critiquée [1]. Cela est dû au fait que l'arbre de Wilson ne peut être interprété au sens strict en termes phylogéniques. Le problème essentiel est, en effet, la détermination précise de la racine d'un tel arbre : d'après les seules données fournies, de nombreuses solutions parmi les diverses topologies déduites peuvent en fait être proposées (les longueurs des branches étant toujours proportionnelles aux distances estimées) ; d'autres populations que l'africaine peuvent alors être considérées comme ancestrales (figure 17).

---

1. N. Saitou, K. Omoto, « Time and place of human origins from *mt*DNA », *Nature* (1987), **327**, p. 111. Un point de vue tout à fait semblable a été exprimé par les Français Darlu et Tassy, à la même époque.

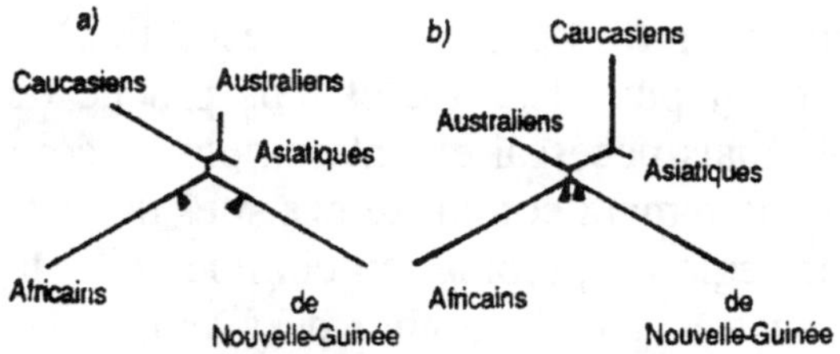


Figure 17. *Deux exemples de réseaux obtenus à partir des données de Cann et collaborateurs* (d'après Saitou et Omoto, 1987).

Ces arbres sans racines ont été construits selon la méthode « de jonction des voisins », et représentent deux (*a* et *b*) des quinze topologies possibles. La longueur des branches est proportionnelle aux distances estimées ; les flèches indiquent les positions possibles des racines, obtenues en minimisant la variance des distances parmi toutes les populations.

Par ailleurs, pour qu'un tel arbre ait un sens phylogénique, il faut que la nature des données utilisées fournisse une information sur sa polarité, c'est-à-dire les états de transformation des caractères depuis les ancestraux (primitifs, ou plésiomorphiques) jusqu'aux dérivés (apomorphiques). Il est exact que l'arbre proposé révèle une dichotomie entre les Africains d'une part et les autres populations d'autre part (tout comme l'arbre de Wainscoat, exposé au chapitre précédent) et que cette dichotomie soit imparfaite puisqu'elle se manifeste entre des Africains d'un côté et toutes les autres populations (plus certains types africains) de l'autre. Dans ce cas, la racine déduite résulte seulement d'un artifice arithmétique simple, consistant à la situer au point moyen de rencontre des branches les plus longues reliant les deux lignées correspondantes à l'intérieur du groupe étudié.

Ce problème des racines est d'ailleurs très difficile (sinon impossible) à résoudre dans le cas présent, puisque l'on ne peut avoir recours à une référence Primate « hors du groupe » que dans le cas des cartographies assez simples (comme celle initialement proposée pour l'ADN*mt*, qui utilise un petit nombre d'enzymes de restriction). Lorsque la cartographie est plus détaillée et plus proche de la réalité d'ensemble, mais nécessairement complexe (comme la cartographie relativement complexe des sites de restriction étudiés dans la région ß-globine, ou comme celle de l'ADN*mt* basée sur un très grand nombre de sites), la comparaison avec les génomes d'Anthropoïdes s'avère pratiquement infaisable. Nous verrons cependant plus loin qu'une cartographie très précise a été établie pour la région de contrôle de l'ADN*mt*, et que cette connaissance a pu être mise à profit pour l'étude détaillée des comparaisons entre les espèces.

### *De nombreuses études réalisées ultérieurement sur l'ADN mitochondrial confirment l'origine africaine*

Un des points initialement les plus attaqués des travaux initiaux de Wilson concerne l'aúthenticité même de l'échantillon africain (2 individus natifs d'Afrique, alors que les 18 autres sont en fait des Noirs américains) représentant le groupe I dans l'arbre généalogique mitochondrial. Il est en effet possible que la contribution mitochondriale maternelle de ces 18 individus, vraisemblablement quelque peu métissés (il faut cependant remarquer que ce métissage a été principalement dû aux hommes blancs, qui n'ont par conséquent pas transmis leur ADN*mt*), ait été non africaine. En fait, l'examen des résultats obtenus montre, par le calcul de la distance entre ces 20 « Africains » et 47 Européens, que celle-ci n'est pas plus faible que celles qui existent entre ce groupe et les individus représentatifs des autres groupes (asiatique, australien et de Nouvelle-Guinée). Par ailleurs, on ne connaît aucun cas de Noir américain qui ait le même type mitochondrial qu'un Européen dans l'échantillon étudié (alors que 7 individus parmi les Européens partagent avec d'autres un même type, pour un effectif total de 47).

Dès le début des études de Wilson et de ses collaborateurs, un autre laboratoire indépendant a montré que les populations africaines étaient nettement éloignées des autres populations étudiées (deux fois plus dans cette étude) sur la base de l'ADN mitochondrial [1].

Pour ce qui concerne la différenciation entre les populations sénégalaises [2], les formes 3 (détectées par les enzymes AvaII et HpaI) doivent absolument être prises en considération, puisque leurs fréquences sont assez semblables chez les Wolofs et les Peuls, ainsi d'ailleurs que chez les Bantous (ce qui montre que les Peuls, quelquefois considérés comme assez notablement caucasoïdes, ont en fait une proportion substantielle d'ADN*mt* africain). Comme le montrent les résultats globaux du tableau 6, les Sénégalais sont assez semblables aux Bantous, dont ils se distinguent cependant par la fréquence plus basse de la forme 2 d'AvaII et la perte de variabilité pour MspI. Or, ce sont précisément ces marqueurs qui permettent de distinguer les Bantous des Bochimans, ce qui montre qu'il existe de notables variations entre les grands groupes d'Africains. Le point le plus important relatif aux formes concerne la 3 de HpaI, qui présente l'intérêt d'être essentiellement limitée aux populations africaines : la fréquence de cette forme est de 65 % chez les Sénégalais, de 70 % chez les Bantous, et dépasse les 90 %

1. S. Horai, T. Gojobori, E. Matounaga, « Distinct clustering of mitochondrial DNA types among Japanese, Caucasians and Negroes », *Jap. J. Genet.* (1986), **61**, p. 271-5.

2. R. Scozzari, A. Torroni, O. Semino, G. Sirugo, A. Brega, A. S. Santachiara-Benerecetti, « Genetic studies on the Senegal population ; mitochondrial DNA polymorphisms », *Am. J. Hum. Genet.* (1988), **43**, p. 534-44.

Tableau 6. *Pourcentages des différentes morphes principales d'ADNmt comparés chez les Sénégalais avec ceux précédemment établis pour les Bantous et les Bochimans* (d'après Scozzari et collaborateurs, 1988). *N* représente les effectifs étudiés dans chaque population.

| Morphes | | Sénégalais *N* = 186 | Bantous *N* = 40 | Bochimans *N* = 34 |
|---|---|---|---|---|
| HpaI | 1 | 1,6 | 4,2 | |
| | 2 | 32,3 | 25,0 | 7,3 |
| | 3 | 65,1 | 70,8 | 92,7 |
| BamHI | 1 | 99,5 | 100,0 | 100,0 |
| | 3 | 0,5 | | |
| HaeIII | 1 | 91,9 | 97,5 | 100,0 |
| | 2 | 0,5 | 2,5 | |
| | 4 | 5,9 | | |
| HspI | 1 | 98,4 | 87,5 | 17,6 |
| | 2 | | 12,5 | 52,9 |
| | | | | 26,5 |
| | | | | 2,9 |
| AvaII | 1 | 54,8 | 40,0 | 11,8 |
| | 2 | 1,1 | 12,5 | 58,8 |
| | 3 | 40,9 | 37,5 | 2,9 |
| | 4 | | | 5,9 |
| | 5 | | 5,0 | 20,6 |
| | 6 | 1,1 | | |
| | 7 | | 2,5 | |

chez les Bochimans (cela suggère que cette forme constitue une caractéristique proto-africaine très ancienne, répandue progressivement par la suite dans les autres populations en Afrique). Pour ce qui concerne les types (combinaisons de formes) comportant la forme 3 de HpaI, les types 2 (3.1.1.1.3.) et 7 (3.1.1.1.2.) ont des fréquences élevées chez les Sénégalais, mais sont peu représentés chez les Bochimans ; au contraire, les types 3 (3.1.1.2.2.), 4 (3.1.1.3.2.) et 5 (3.1.1.2.5.), communs chez les Bochimans, ne sont pas représentés chez les Sénégalais et le sont faiblement chez les Bantous. Le type 1 (2.1.1.1.1.), le plus commun chez les

Caucasiens et les Orientaux, n'est présent chez les Sénégalais et les Bantous qu'à proportion de 20 % environ, et de 3 % chez les Bochimans. Les Africains d'autre part ne connaissent pas la forme 4 de MspI, qui est commune chez les Caucasiens et les Orientaux. Enfin, l'hétérogénéité génétique plus importante des Africains par rapport aux autres ethnies, déjà signalée précédemment, est confirmée par les résultats de cette étude.

Plus récemment [1], le polymorphisme de l'ADN*mt* a été comparé chez 49 Bochimans et 46 Hottentots par l'utilisation des enzymes HpaI, BamHI, HaeIII, MspI, AvaII et HincII. Six des onze types trouvés sont communs aux deux groupes, bien que présents à des fréquences plus élevées (20,4 %) chez les Bochimans que chez les Hottentots (6,5 %), ce qui suggère que les mariages des femmes africaines avec les Bochimans ont été plus nombreux qu'avec les Hottentots.

Cependant, la confirmation récente la plus massive publiée à ce jour sur l'hypothèse de l'origine africaine fondée sur l'ADN*mt* est celle de D. C. Wallace et de ses collaborateurs [2], qui travaillent au Centre de Génétique Médicale Moléculaire de l'école universitaire Emory à Atlanta. Combinant les données de la littérature avec des résultats propres, c'est maintenant plus de 3 000 individus qui ont été étudiés, à 81 sites polymorphes (avec les mêmes enzymes que celles de l'étude précédente) pour 62 populations

1. H. Soodyvall, T. Jenkins, « Mitochondrial DNA polymorphism in Khoisan populations, from Southern Africa », *Ann. Hum. Genet.* (1992), **56**, p. 315-24.

2. D. A. Merriwether, A. G. Clark, S. W. Ballinger, T. G. Schurr, H. Soodyvall, T. Jenkins, S. T. Sherry, D. C. Wallace, « The structure of human mitochondrial DNA variation », *J. Mol. Evol.* (1991), **33**, p. 543-55.

Tableau 7. *Paramètres caractéristiques des différentes populations étudiées pour mesurer la variation de l'ADNmt* (d'après Merriwether et collaborateurs, 1991).

*N* représente les effectifs étudiés dans chaque groupe, *h* le nombre d'haplotypes, *F* l'homozygotie, *C* la fréquence de l'haplotype le plus commun et $D = 4Nu$ (*u* étant le taux de mutation). Les étoiles indiquent les valeurs statistiquement significatives.

| Populations | *N* | *h* | *F* | *C* | *D* |
|---|---|---|---|---|---|
| Africains | 863 | 73 | 0,084* | 0,140* | -2,016* |
| Caucasiens | 1 478 | 97 | 0,184* | 0,298* | -2,339* |
| Asiatiques | 552 | 74 | 0,171* | 0,370* | -2,396* |
| Amérindiens | 172 | 12 | 0,325 | 0,488 | -1,431 |
| Total | 3 065 | 218 | 0,082* | 0,201* | -2,127* |

(regroupées en Africains, Européens, Asiatiques et Amérindiens), ce qui totalise un nombre de 149 haplotypes (données résumées sur le tableau 7).

Dans cette étude, la mesure globale de la diversité (0,004) est tout à fait semblable aux valeurs trouvées initialement par Cann et collaborateurs. L'identité est inégalement répartie entre les groupes étudiés, variant de 0,084 pour les Africains à 0,325 pour les Amérindiens ; les Africains présentent la diversité la plus grande. Les divers arbres construits à partir de ces données montrent tous que le temps de séparation à partir de l'ancêtre commun est beaucoup plus important pour les Africains que pour les autres groupes. A titre d'exemple, la figure 18 donne le dendrogramme fondé sur les distances moyennes parmi les 62 populations étudiées et regroupées selon les quatre ensembles : on y voit bien que l'ordre des branchements concerne initialement les Africains, les Caucasiens ensuite, puis les Asiatiques, et enfin les Amérindiens.

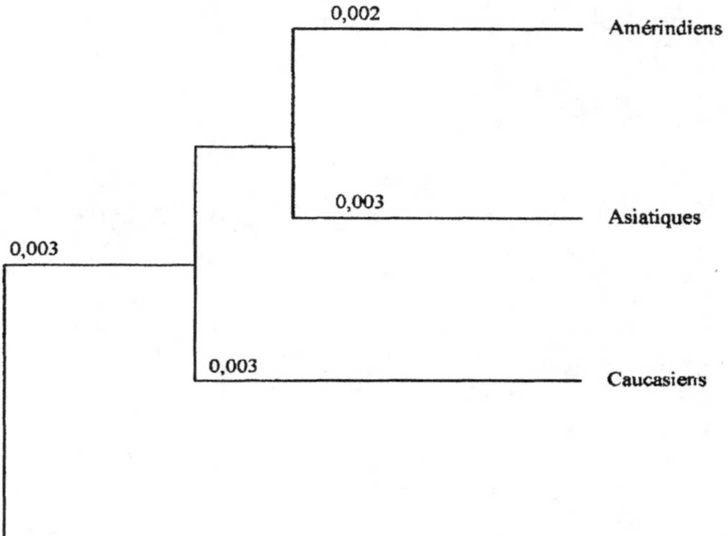


Figure 18. *Dendrogramme représentatif des distances entre groupes fondées sur l'ADNmt* (d'après Merriwether et collaborateurs, 1991).

Le tableau 7 montre en outre que l'homozygotie est plus élevée que ne le voudrait un modèle de neutralité qui ne serait fondé que sur l'effectif et le nombre d'haplotypes (ce résultat est retrouvé par des valeurs de *D* négatives). Ces particularités ont été interprétées par les auteurs comme le témoignage des différents événements de fondation des divers groupes à partir de l'Afrique lors de la colonisation ultérieure des autres continents.

# 6

# Argumentation fondée sur les marqueurs ADN du chromosome Y

L'un des plus petits chromosomes du génome humain par la taille, le chromosome Y (figure 19) spécial au sexe mâle, s'est avéré être particulièrement intéressant en génétique des

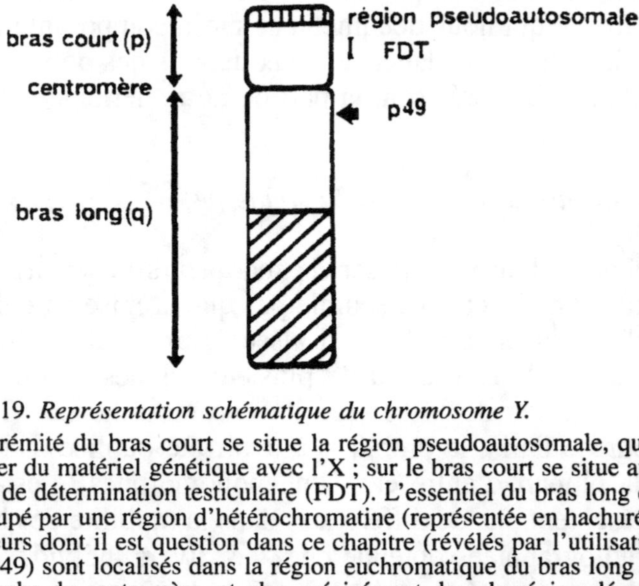


Figure 19. *Représentation schématique du chromosome Y.*
A l'extrémité du bras court se situe la région pseudoautosomale, qui peut échanger du matériel génétique avec l'X ; sur le bras court se situe aussi le facteur de détermination testiculaire (FDT). L'essentiel du bras long de l'Y est occupé par une région d'hétérochromatine (représentée en hachuré). Les marqueurs dont il est question dans ce chapitre (révélés par l'utilisation du clone p49) sont localisés dans la région euchromatique du bras long (q) de l'Y, proche du centromère, et plus précisément dans la région dénommée Yq11.2.

populations humaines et en anthropologie : lorsque des mutations apparaissent sur l'Y, elles sont transmises inchangées (hormis dans les cas, qui doivent être rares, de nouvelles mutations) de père en fils au cours des générations successives (cela constitue une modalité d'hérédité particulière dite « holandrique »). On dispose par conséquent, pour cette portion du génome qui ne recombine pas avec le chromosome X (sauf pour une toute petite région située à l'extrémité du bras court de l'Y et nommée « région pseudoautosomale », où les échanges entre X et Y sont occasionnels), de toute une réserve très ancienne de variants transmis verticalement et dont l'examen attentif peut nous renseigner de façon précise sur les différentes étapes de notre histoire. Un parallélisme intéressant peut d'autre part être fait entre les résultats obtenus par l'ADN mitochondrial (exposés au chapitre 5), qui nous documentent sur la composante maternelle de notre ascendance, et ceux déduits des polymorphismes de l'Y, qui précisent la part de notre héritage paternel.

### *Polymorphisme révélé par la sonde p49*

Encore fallait-il disposer de marqueurs polymorphes du chromosome Y, et il ne semble pas que la mise en évidence de tels variants soit chose si aisée : l'exploration du polymorphisme de restriction de plusieurs clones [1] du chromosome Y (issus de la banque du chromosome de l'Institut Pasteur de Paris, la première à avoir été publiée) a montré que la plupart d'entre eux sont monomorphes (c'est-à-dire ne présentent pas de différences dans la mobilité des bandes autoradiographiées obtenue chez les divers individus d'une population de référence étudiée). Ce relatif monomorphisme

---

1. K. Y. Ngo, G. Lucotte, « Stratégies de recherche des polymorphismes de restriction des séquences du chromosome Y », *Ann. Génét.* (1986), **29**, p. 88-92.

des séquences du chromosome Y est sans doute à mettre en relation avec le fait que ce chromosome ne recombine pas, ou très peu, n'ayant pas d'homologue au niveau du génome (les éventuels variants ne peuvent se manifester en premier lieu sous forme hétérozygote, comme ils le font d'ordinaire pour les autres chromosomes).

Nous avons cependant réussi à découvrir des variants de restriction[1] (et même mieux : des combinaisons de tels variants) en utilisant un clone particulier du chromosome Y. Lorsque le clone nommé p49f est utilisé comme sonde moléculaire à l'occasion d'expériences d'hybridation avec des ADNs individuels digérés par l'enzyme de restriction TaqI (et uniquement avec celle-ci, ce qui permet de démontrer qu'il s'agit d'un polymorphisme de substitution de bases : s'il s'agissait en effet d'insertions ou de délétions, les changements électrophorétiques en résultant devraient pouvoir, avec les mêmes effets, être mis en évidence par plusieurs enzymes de restriction différentes), 18 bandes autoradiographiées (nomenclaturées de A à R, par ordre de tailles décroissantes) sont obtenues (figure 20), 16 d'entre elles étant Y-spécifiques (les deux bandes K et L correspondent à des séquences situées sur les autosomes). Le polymorphisme porte sur des différences de taille ou sur la relation présence/absence, pour les bandes A (quatre allèles de taille décroissante A1 < A2 < A3 < A4, et un allèle A0 = nul), C (C1 = allèle présent, et C0 = nul), D (deux allèles D1 > D2, et D0 = nul) et I (I1 = allèle présent et I0 = nul) ; d'autres variants, plus rares, existent aussi pour les bandes F (F1 ou F0) et B (B1 ou B0).

1. G. Lucotte, K. Y. Ngo, « p49f, a highly polymorphic probe that detects TaqI RFLPs on the human Y chromosome », *Nucl. Acids Res.* (1985), **13**, p. 8285.

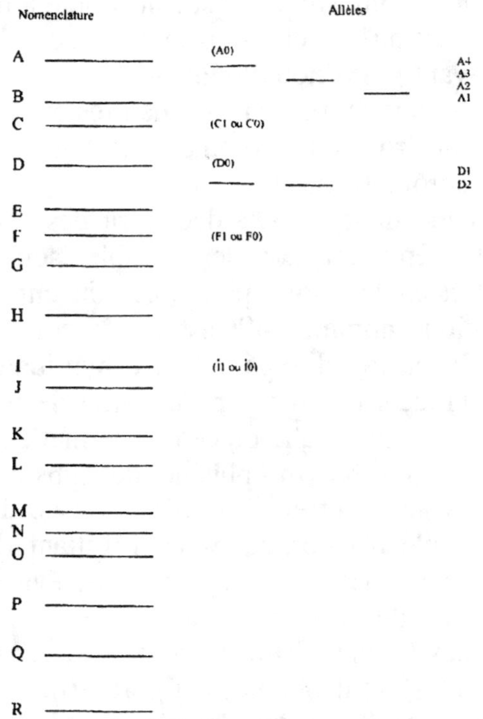


Figure 20. *Représentation schématique d'un autoradiogramme obtenu après hybridation d'ADN de sexe masculin différé par l'enzyme de restriction TaqI avec la sonde p49.*

Différentes bandes (de A à R) sont observées chez les hommes, les bandes K et L l'étant aussi chez les femmes. Les différents allèles à la bande A sont : A4 = 17 kb, A3 = 15 kb, A2 = 12 kb, A1 = 10 kb, A0 = absence de bande ; à la bande C, C1 = 8,1 kb, C0 = absence de bande ; à la bande D, D1 = 7,2 kb, D2 = 6 kb, D0 = absence de bande ; à la bande F, F1 = 5,4 kb, F0 = absence de bande, et à la bande I, I1 = 3,5 kb, I0 = absence de bande.

La réalité de tels systèmes alléliques ne peut être établie par l'examen des modalités classiques de transmission des variants, dans l'observation des descendances des mariages.

Cependant, dans une famille particulière, c'est l'un des allèles au système considéré qui est présenté par un individu donné et hérité de père en fils, et cela à l'exclusion des autres allèles au même système (cela a pu être établi par l'examen d'un grand nombre de familles [1] et a même été utilisé à fin d'exclusion de parenté dans certaines familles où la paternité était litigieuse).

L'examen attentif du dessin des bandes autoradiographiées permet de se rendre compte que celles qui sont données sous la nomenclature des lettres N et O sont les plus intenses (elles correspondent en fait aux séquences reconnues directement par la sonde 49f). Toutes les autres bandes (de A à J d'une part, P, Q et R d'autre part), moins abondamment représentées, indiquent d'autres séquences réagissant de façon croisée avec le même matériel génétique représenté par la sonde. L'ensemble des bandes TaqI observées peut donc être interprété comme indiquant l'existence d'une petite famille de 10 à 15 séquences, de nature voisine et proche de celle de la 49f, réparties sur le chromosome Y. En Yq11.2, position précise sur le bras long du chromosome Y où la sonde a pu être localisée [2], ces différentes séquences doivent être assez proches les unes des autres puisque l'estimation quantitative du matériel contenu dans les bandes N et O (par comparaison au nombre des copies de la sonde) montre que la région couverte par cette famille concerne à

---

1. P. Guérin, S. Berriche, S. Intrator, P. Rouger, D. Salmon, C. Salmon, G. Lucotte, « Les techniques des polymorphismes de l'ADN de sondes du chromosome Y appliquées au problème de filiation père-fils dans les analyses de paternité », *Rev. Franç. Transf. Immuno-Hématol.* (1988), **31**, p. 513-20.

2. B. Quack, R. Guérin, J. Ruffié, G. Lucotte, « Mapping probe p49f to the proximal part of the human Y chromosome long arm », *Cytogenet. Cell. Genet.* (1988), **47**, p. 232.

peu près 75 kb (soit environ 0,5 % de toute la partie euchromatique — fragments d'ADN non répétés — du chromosome Y).

Ces diverses séquences sont très probablement non exprimées en protéines, et peuvent être par conséquent considérées comme *sélectivement neutres au cours de l'évolution.* Nous avons séquencé l'une d'entre elles [1] (la sonde nommée 49a, correspondant à un sous-clone de p49). La séquence ainsi établie est très riche en bases A/T (argument en faveur d'une séquence répétée non traduite). Par ailleurs, aucun peptide de longueur conséquente ne peut théoriquement être codé par une telle séquence après examen des trois phases de lecture possibles (correspondant aux 1^re^, 2^e^ et 3^e^ lettres des codons — triplets de bases codant pour un acide aminé) sur les deux brins (orientés dans les sens 5′→3′ et 3′→5′).

*Combinaisons haplotypiques*

Comme les différents systèmes polymorphes étudiés correspondent à des locus très étroitement liés le long du chromosome Y, il est permis de regrouper, pour chaque individu d'une population considérée, les divers variants selon la combinatoire des haplotypes. Le tableau 8 montre que, pour une population d'ADN de référence localisée à Paris, 16 seulement des haplolytes possibles (numérotés de I à XVI, en chiffres romains, sur le tableau) sont effectivement observés.

La fréquence de chacun d'entre eux est de plus variable

---

1. G. Lucotte, F. David, M. Mariotti, « Nucleotide sequence of p49a, a genomic Y-specific probe with potential utilization in sex determination », *Mol. Cell. Probes* (1991), **5**, p. 359-63.

Tableau 8. *Répartition des différents haplotypes observés dans une population d'ADN de référence.* On n'a répertorié que les variants aux locus A, C, D, F et I ; l'effectif de cette population est de 44 individus de sexe masculin (d'après Ngo et collaborateurs, 1987).

| Haplotypes | Locus A | C | D | F | I | Fréquence de chaque haplotype |
|---|---|---|---|---|---|---|
| I | A0 | C0 | D0 | F1 | I1 | 0,02 |
| II | A0 | C0 | D1 | F1 | I1 | 0,02 |
| III | A1 | C0 | D0 | F1 | I0 | 0,02 |
| IV | A1 | C0 | D0 | F1 | I1 | 0,02 |
| V | A2 | C0 | D0 | F1 | I1 | 0,04 |
| VI | A2 | C0 | D1 | F0 | I1 | 0,02 |
| VII | A2 | C0 | D1 | F1 | I0 | 0,06 |
| VIII | A2 | C0 | D1 | F1 | I1 | 0,02 |
| IX | A2 | C1 | D0 | F1 | I0 | 0,02 |
| X | A3 | C0 | D0 | F1 | I0 | 0,04 |
| XI | A3 | C0 | D0 | F1 | I1 | 0,04 |
| XII | A3 | C0 | D1 | F1 | I0 | 0,18 |
| XIII | A3 | C0 | D1 | F1 | I1 | 0,06 |
| XIV | A3 | C1 | D1 | F1 | I1 | 0,11 |
| XV | A3 | C1 | D2 | F1 | I1 | 0,22 |
| XVI | A4 | C0 | D1 | F1 | I0 | 0,04 |

Les fréquences haplotypiques observées sont, dans l'ensemble, fort différentes de celles (théoriques) déduites d'après le réassortiment indépendant des fréquences alléliques : en particulier quatre haplotypes (VI, XII, XV et XVI) auraient moins de 5 % de chances d'apparaître en théorie sous l'hypothèse de la combinaison aléatoire, et si le seuil était fixé à 0,10 trois haplotypes supplémentaires (III, VII et XIII) pourraient être ajoutés à cette liste. Au total dans cette hypothèse d'indépendance une certaine forme de "déséquilibre de liaison" est observée, déséquilibre qui aboutit notamment à une sous-représentation de l'haplotype XIII, et en revanche à une surreprésentation des autres haplotypes (tout particulièrement l'haplotype XV, le seul à présenter la forme allélique D2). Nous avons pu dresser la liste des haplotypes (réels et postulés) dont la fréquence présumée d'apparition était supérieure à 1% : parmi eux, neuf haplotypes hypothétiques (numérotés de H1 à H9) ont pu être ainsi construits ; à partir de ces neuf haplotypes, on a déduit des règles d'incompatibilité allélique (en particulier entre les allèles C0 et D2, entre C1 et I0, et entre C1, A0, A1 ou A4). Repassant aux modèles d'apparition des haplotypes, mais en tenant compte de ces incompatibilités, la distribution haplotypique observée est alors retrouvée (sauf dans le cas de l'haplotype VI, le seul à contenir l'allèle F0). L'existence de telles incompatibilités alléliques a par conséquent un certain "effet d'orientation" des haplotypes les uns par rapport aux autres, et rend ainsi possible la construction d'une filiation (correspondante à l'orientation du réseau obtenu) entre les divers haplotypes.

dans la population, l'haplotype majoritaire (le XV) regroupant près d'un quart de toutes les combinaisons effectivement observées ; il est suivi, par ordre d'importance, des haplotypes XII, puis XIV, les autres haplotypes étant minoritaires [1].

Une étude préliminaire avait initialement montré que la répartition des différents haplotypes était approximativement la même (très faible nombre d'haplotypes réels par rapport à leur nombre théoriquement possible, prépondérance de l'haplotype XV suivi des haplotypes XII et XIV, les autres étant faiblement représentés) dans les diverses populations européennes de l'Ouest étudiées. La conclusion logique qui en découlait était donc que les proportions haplotypiques étaient remarquablement stables dans les diverses populations étudiées. Cette répartition haplotypique peut cependant être notablement modifiée lorsque l'on s'adresse à des populations particulières en d'autres parties du monde : par exemple dans l'isolat (population n'échangent peu ou pas avec l'extérieur) de la tribu des Papous Baruyas de la Nouvelle-Guinée, dans la haute vallée de Wonenara (groupe qui n'a été « découvert » par les Européens qu'en 1951), tous les individus étudiés sont semblables les uns aux autres [2] (A2, C0, F1, I1), et par ailleurs fixés pour un nouvel allèle au locus D, à 7,6 kb (appelé Db, b = baruya). L'haplotype XVII, ainsi défini (A2, C0, D'1, F1, I1), est voisin de l'haplotype V.

---

1. K. Y. Ngo, G. Vergnaud, C. Johnsson, G. Lucotte, J. Weissenbach, « A DNA probe detecting multiple haplotypes on the human Y chromosome », *Am. J. Hum. Genet.* (1986), **38**, p. 407-18.

2. S. Breuil, L. Hallé, J. Ruffié, G. Lucotte, « Polymorphisme d'une sonde Y spécifique nommée p49 chez les Papous Baruyas de Nouvelle-Guinée », *Ann. Génét.* (1987), **30**, p. 209-12.

*Filiation entre les différents haplotypes*

L'enzyme de restriction TaqI est, d'une façon générale, un outil très efficace de détection des polymorphismes de restriction. Cela est dû au fait (déjà signalé au chapitre 2) que le site de restriction correspondant contient le doublet de bases CG, généralement considéré comme un site hautement mutable. Une autre caractéristique du polymorphisme TaqI est sa capacité à supprimer ce même dinucléotide (chez les Mammifères en particulier, et par conséquent chez l'Homme), où la mesure du niveau élevé de méthylation permet de rendre compte du déficit général observé dans l'ADN correspondant aux doublets. Cela a pour conséquence qu'au cours de l'évolution on devrait observer une augmentation de la taille des fragments de restriction TaqI (et que, par conséquent, les allèles TaqI de petite taille devaient représenter les formes originales). Une autre conséquence importante de cette particularité serait que la restauration des sites TaqI initialement apparus ne devrait survenir que rarement. Pour ce qui concerne la filiation conséquente des allèles étudiée ici, et en admettant que pour les formes nulles les bandes correspondantes peuvent ne pas exister, on peut donc adopter en première hypothèse les filiations suivantes : pour la série A, A0→A1→A2→A3→A4, pour la série C, C0→C1, pour la D, D0→D2→D1, pour la F, F0→F1 et pour la I, I0→I1.

Pour la filiation des haplotypes, on peut rechercher (en appliquant le principe de parcimonie, qui implique une économie maximale) comment un haplotype existant peut dériver d'un autre haplotype (existant ou postulé), et cela par la voie d'un seul événement mutationnel.

Le réseau représentatif de l'hypothèse initiale est représenté sur la figure 21. Comme on le voit, il s'agit d'un tracé

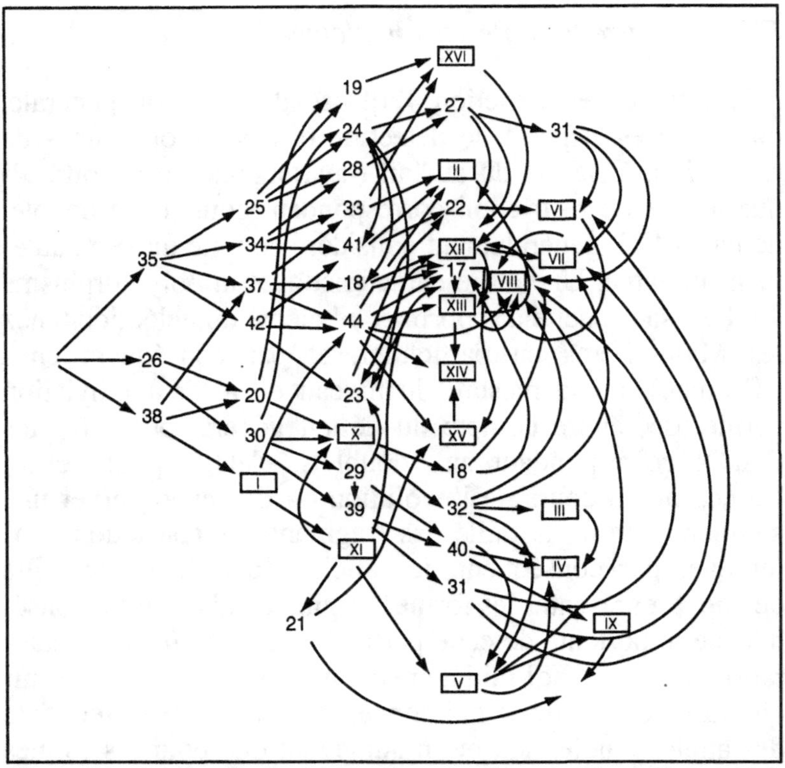


Figure 21. *Réseau haplotypique correspondant à l'hypothèse initiale* (d'après Hazout et Lucotte, 1986).

Ce réseau indique les filiations entre différents haplotypes sous cette hypothèse initiale. Les haplotypes réels sont encadrés, et les haplotypes postulés sont représentés en chiffres arabes. Les colonnes verticales indiquent les différentes étapes mutationnelles successives (de la gauche vers la droite), orientant ainsi ce réseau de façon partielle.

extrêmement complexe, comportant 45 haplotypes (dont 28 non observés) et surtout de nombreux haplotypes « hybrides » (on nomme hybrides les haplotypes qui voient converger vers eux deux ou plusieurs flèches — autrement dit qui peuvent survenir au cours de l'évolution par au moins deux voies différentes) ; cela montre que le choix de cette hypothèse initiale, entraînant un nombre aussi important d'incompatibilités, est améliorable.

C'est pourquoi nous avons élaboré une méthode particulière, qui se présente en fait comme un outil d'aide au raisonnement, et dont les modalités d'application sont mises en œuvre selon le mode conversationnel. Du fait de la nature combinatoire de l'algorithme utilisé, l'approche adoptée a consisté, au lieu de la recherche d'une solution optimale globale, à faire évoluer l'arbre correspondant à l'hypothèse initiale (hypothèse 1), biologiquement vraisemblable *a priori*, en un autre arbre localement plus optimal, au moyen d'une série de modifications relatives aux hypothèses d'évolution des états entre caractères[1]. Le principe de l'algorithme utilisé repose sur l'établissement d'un ensemble d'haplotypes ancestraux comprenant à la fois des ancêtres communs et des taxons (catégories taxonomiques) intermédiaires (différents des haplotypes observés), et sur la gestion d'une liste de transitions directes entre taxons. Du fait de la mise en évidence d'un certain nombre de catégories d'« incompatibilités[2] » entre les formes alléliques particulières, un réseau orienté entre les différents haplotypes a pu être construit sur la base d'un critère de coût minimal, c'est-à-dire d'un nombre moindre de transformations (le critère d'optimalité permet de conclure qu'une hypothèse portant sur les transmissions entre formes alléliques est plus pertinente qu'une autre lorsque le réseau associé fait intervenir un nombre moindre d'haplotypes et, à effet égal, un nombre moindre d'hybrides).

---

1. S. Hazout, G. Lucotte, « Vers une généalogie du chromosome Y », *Ann. Génét.* (1986), **29**, p. 246-52.
2. S. Hazout, G. Lucotte, « Linkage disequilibrium between haplotypes and allelic incompatibilities detected with p49f, a probe located on the Y chromosome », *Int. J. Anthropol.* (1990), **5**, p. 105-8.

Les solutions successives sont représentées sur le tableau 9 : la seule hypothèse 2, consistant à remplacer à partir de l'hypothèse 1 F1 par F0, abaisse dans la solution correspondante le nombre d'haplotypes à 27 et celui des hybrides à 16 ; si I1→I0 (hypothèse 3), on obtient 25 haplotypes et 14 hybrides. Les hypothèses successives ont consisté à intervertir D1 et D2 (hypothèse 4), à admettre que C1 était dédoublé (hypothèse 5), à intervertir D1 et D0 (hypothèse 7), ou à combiner de diverses manières les A (hypothèse 8). Le résultat d'ensemble est que quatre solutions à 17 haplotypes (c'est-à-dire sans haplotype ancestral non observé) sont finalement obtenues (il est à noter que le nombre d'hybrides semble lié à celui des haplotypes — la différence varie de 10 à 12 —, ce qui permet de conclure que cette solution à 17 haplotypes observés et 5 hybrides est sûrement optimale).

Pour ce qui concerne les allèles, au locus A l'allèle A3 peut être considéré comme la forme la plus primitive ; en revanche, A0 peut être situé aussi bien au début, en cours, ou même en fin de chaîne. Au locus C, C0→C1, mais ce dernier allèle a été scindé en deux formes (C1, de l'haplotype IX, et C'1, des haplotypes XIV et XV). Au locus D, la forme primitive est D1 (D'1 et D2 sont des formes spécifiques aux haplotypes XVII et XV). Enfin, aux locus F et I, les formes existantes non nulles sont ancestrales.

La figure 22 donne le tracé des filiations haplotypiques pour les quatre solutions finales retenues (8*e, h, i* et *j*). Il en résulte que l'haplotype ancestral est, soit II, soit (plus vraisemblablement) l'haplotype XIII ; d'autre part, certaines parties des réseaux ont des structures identiques (XIII→XIV→XV ; V→IV ou →III ; V→XVII et V→IX), ce qui traduit des solutions retenues périphériquement assez voisines.

Tableau 9. *Hypothèses concernant les diverses relations possibles entre allèles, à partir de l'hypothèse initiale* (d'après Hazout et Lucotte, 1986).

Cette hypothèse a été par la suite modifiée, selon les différentes possibilités indiquées sur ce tableau. Pour chaque solution sont donnés les nombres d'haplotypes et d'hybrides (delta est la différence entre ces deux chiffres). Les solutions ne faisant intervenir que les 17 haplotypes effectivement observés sont encadrées.

| HYPOTHÈSES | LOCUS A | LOCUS C | LOCUS D | LOCUS F | LOCUS I | SOLUTIONS haplotypes | SOLUTIONS hybrides |
|---|---|---|---|---|---|---|---|
| 1 | $A_0 \to A_4 \to A_3 \to A_2 \to A_1$ | $C_0 \to C_1$ | $D_0 \to D_2 \to D_1 \to D'_1$ | $F_0 \to F_1$ | $I_0 \to I_1$ | 45 | 34,Δ=11 |
| 2 | | | | $F_1 \to F_0$ | | 27 | 16,Δ=11 |
| 3 | | | | | $I_1 \to I_0$ | 25 | 14,Δ=11 |
| 4 | | | $D_0 \to D_1 \to D_2 \to D'_1$ | | | 23 | 13,Δ=10 |
| 5 | | $C_0 \nearrow C_1$<br>$C_0 \searrow C'_1$ | | | | 22 | 11,Δ=10 |
| 6 | | | $D_1 \to D_0 \to D_2 \to D'_1$ | | | 19 | 8,Δ=11 |
| 7a | | | $D_1 \to D_0 \to D'_1 \to D_1$ | | | 19 | 8,Δ=11 |
| b | | | $D_1 \to D_0 \nearrow D'_1$ | | | 18 | 7,Δ=11 |
| c | | | $\searrow D'_2$ | | | | |
| d | | | $D'_1 \to D_1 \to D_0 \to D_2$ | | | 21 | 10,Δ=11 |
| | | | $D_1 \to D_0 \to D'_1$<br>$\searrow D_2$ | | | 18 | 6,Δ=10 |
| 8a | $A_4 \to A_0 \to A_3 \to A_2 \to A_1$ | | | | | 18 | 6,Δ=12 |
| b | $A_4 \to A_3 \to A_0 \to A_2 \to A_1$ | | | | | 18 | 6,Δ=12 |
| c | $A_4 \to A_3 \to A_2 \to A_0 \to A_1$ | | | | | 18 | 6,Δ=12 |
| d | $A_4 \to A_3 \to A_2 \to A_1 \to A_0$ | | | | | 19 | 7,Δ=12 |
| [e] | $A_0 \to A_3 \to A_4$<br>$\searrow A_2 \to A_1$ | | | | | 17 | 5,Δ=11 |
| f | $A_0 \to A_2 \to A_4 \to A_3$<br>$\searrow A_1$ | | | | | 19 | 7,Δ=12 |
| g | $A_0 \to A_1$<br>$\searrow A_4 \to A_3 \to A_2$ | | | | | 20 | 8,Δ=12 |
| [h] | $A_3 \to A_0 \to A_4$<br>$\searrow A_2 \to A_1$ | | | | | 17 | 6,Δ=11 |
| [i] | $A_3 \to A_4$<br>$\searrow A_0 \to A_2 \to A_1$ | | | | | 17 | 5,Δ=12 |
| [j] | $\nearrow A_4$<br>$A_3 \to A_0$<br>$\searrow A_2 \to A_1$ | | | | | 17 | 5,Δ=12 |
| k | $A_3 \to A_4$<br>$\searrow A_0 \to A_1 \to A_2$ | | | | | 19 | 7,Δ=12 |

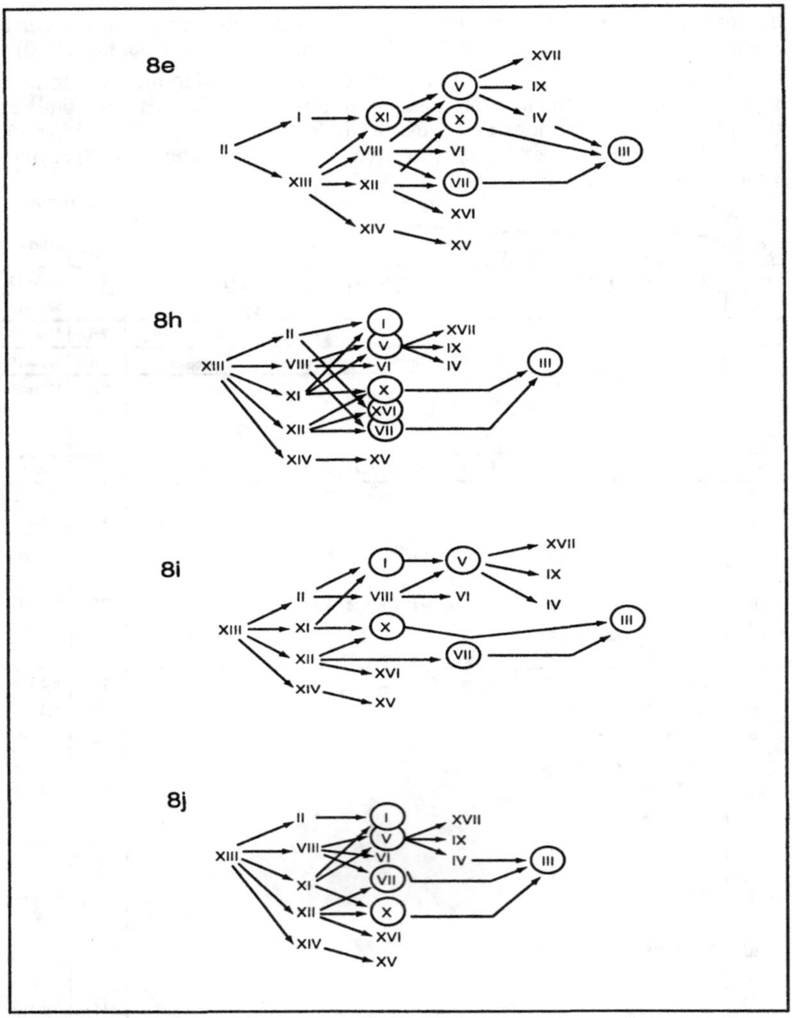


Figure 22. *Réseaux pour les solutions 8e, h, i et j* (d'après Hazout et Lucotte, 1986).

Les filiations entre les différents haplotypes sont indiquées, les hybrides étant encerclés (la solution *8h* comporte 6 hybrides, et les trois autres 5). A partir de l'haplotype ancestral II, ou (3 sur 4) XIII, les divers haplotypes sont répartis sur cinq ou six colonnes verticales indiquant (de la gauche vers la droite) les étapes vraisemblables de mutation au cours du temps.

### *L'haplotype ancestral est retrouvé chez le Chimpanzé*

Puisque l'haplotype XIII avait été prédit primitif, il était intéressant de vérifier sa présence (ou celle de ses composantes alléliques) chez les espèces proches de la nôtre. L'expérience a montré que la sonde 49 ne s'hybridait qu'avec les ADNs d'Anthropomorphes (Gorille et Chimpanzé [1]), à l'exclusion des autres espèces de singe plus éloignées dans la classification. On peut donc dire que cette sonde est « Anthropoïde-spécifique », les séquences correspondantes étant apparues relativement récemment (avec les singes supérieurs) au cours de l'évolution des Primates.

Nous avons donc étudié le polymorphisme de la sonde 49f chez le Chimpanzé [2]. Un dessin des bandes autoradiographiées TaqI tout à fait comparable à celui de notre propre espèce est obtenu, tant en ce qui concerne les bandes constantes que variables, ce qui a permis d'établir quel était l'haplotype le plus fréquent : les bandes variables présentes correspondent à A3 et F1 ; tous les individus étudiés sont C0, et l'un d'entre eux est polymorphe pour D1. Ainsi, hormis le cas de l'allèle D1 variable, tous les allèles ancestraux de l'haplotype XIII ont été retrouvés chez le Chimpanzé, ce qui constitue un argument supplémentaire très fort en faveur du caractère ancestral de cet haplotype particulier.

---

1. K. Y. Ngo, J. Ruffié, G. Lucotte, « Comparaison des fragments de restriction spécifiques du chromosome Y chez l'Homme et le Chimpanzé, ainsi que chez d'autres espèces de Primates », *Biochem. Syst. Ecol.* (1986), **14**, p. 141-8.

2. N. Abbas, P. Guérin, P. Bessières, J. Ruffié, G. Lucotte, « Séquences Y-chromosome humain spécifiques présentes chez les singes anthropoïdes », *Biochem. Syst. Ecol.* (1988), **16**, p. 105-9.

*L'haplotype XIII est majoritaire chez les Pygmées africains*

Nous avons enfin étudié la répartition des haplotypes 49f dans diverses populations aborigènes, et le tableau 10 résume les résultats actuels de notre analyse pour cinq d'entre elles (Pygmées Akas de République centrafricaine, Pygmées N'Butis de l'Est, Australiens aborigènes, Papous Baruyas et Négritos Aétas). On y note que, pour les Pygmées Akas (ethnie considérée généralement comme très

Tableau 10. *Fréquences des divers haplotypes dans les cinq populations étudiées (les effectifs pour chaque groupe sont indiqués entre parenthèses).* A noter que les Aétas sont fixés pour l'haplotype VII, et les Baruyas pour le XVII.

| | Compositions alléliques | Pygmées africains | | Australiens | Papous | Négritos |
|---|---|---|---|---|---|---|
| Haplotypes | A C D F I | Akas (62) | N'Butis (16) | (59) | Baruyas (21) | Aétas (17) |
| II | 0 0 1 1 1 | 0,05 | | | | |
| III | 1 0 0 1 0 | | | 0,26 | | |
| IV | 1 0 0 1 1 | 0,16 | | | | |
| V | 2 0 0 1 1 | 0,03 | 0,06 | | | |
| VII | 2 0 1 1 0 | 0,01 | 0,06 | 0,12 | | 1 |
| VIII | 2 0 1 1 1 | | | 0,01 | | |
| X | 3 0 0 1 0 | | | 0,12 | | |
| XI | 3 0 0 1 1 | | | 0,01 | | |
| XII | 3 0 1 1 0 | 0,09 | 0,06 | 0,16 | | |
| XIII | 3 0 1 1 1 | 0,27 | 0,31 | | | |
| XIV | 3 1 1 1 1 | 0,11 | 0,25 | 0,23 | | |
| XV | 3 1 2 1 1 | 0,12 | 0,13 | | | |
| XVI | 4 0 1 1 0 | 0,03 | 0,06 | | | |
| XVII | 2 0 1'1 1 | | | | 1 | |
| XVIII | 4 0 1 1 1 | 0,03 | 0,06 | | | |
| XIX | 0 0 1 0 0 | 0,09 | | | | |
| XX | 3 0 2 1 1 | | | 0,08 | | |

ancienne), la répartition des haplotypes est très particulière[1] :

— c'est effectivement l'haplotype ancestral XIII qui est prépondérant dans ce cas (approximativement un tiers des cas) :

— deux nouveaux haplotypes apparaissent : le XVIII (proche du XIII, mais encore plus ancestral que lui selon notre modèle), et le XIX (dérivé périphériquement, selon toute probabilité).

Et il en va de même, quoiqu'à un degré moindre, pour l'autre population de Pygmées africains étudiée[2]. Cette répartition haplotypique singulière des Pygmées africains est nettement différente de celles des autres populations aborigènes étudiées à ce jour. La répartition haplotypique des populations africaines non pygmées connues pour l'instant[3] (Sénégal, Afrique du Sud, Afrique centrale) est également très différente, avec une nette prépondérance de l'haplotype IV (et V à un moindre degré).

1. G. Lucotte, P. Guérin, L. Hallé, F. Loirat, S. Hazout, « Y chromosome DNA polymorphisms in two african populations », *Am. J. Hum. Genet.* (1989), **45**, p. 16-20.

2. G. Lucotte, S. Berriche, P. Guérin, F. Loirat, S. Hazout, « Polymorphisme de restriction de la sonde ADN p49 du chromosome Y dans les populations africaines pygmées et bantoues », *Bul. Mém. Soc. Anthropol.*, Paris (1990), **2**, p. 74-84.

3. A. Torroni, O. Semino, R. Scozzari, G. Sirugo, G. Spedini, N. Abbas, M. Fellous, A. S. Santachiara-Beneceretti, « Y chromosome DNA polymorphisms in human populations », *Ann. Hum. Genet.* (1990), **54**, p. 287-96 ; A. Spurdle, T. Jenkins, « Y chromosome probe p49a detects complex PvuII haplotypes and many new TaqI haplotypes in Southern African populations », *Am. J. Hum. Genet.* (1991), **50**, p. 107-125 ; G. Lucotte, N. Gérard, R. Krishnamoorthy, F. David, A. Aouizérate, P. Galzot, « Reduced variability in Y-chromosome specific haplotypes for some central populations », *Hum. Biol.* (1993), **66**, p. 517-24.

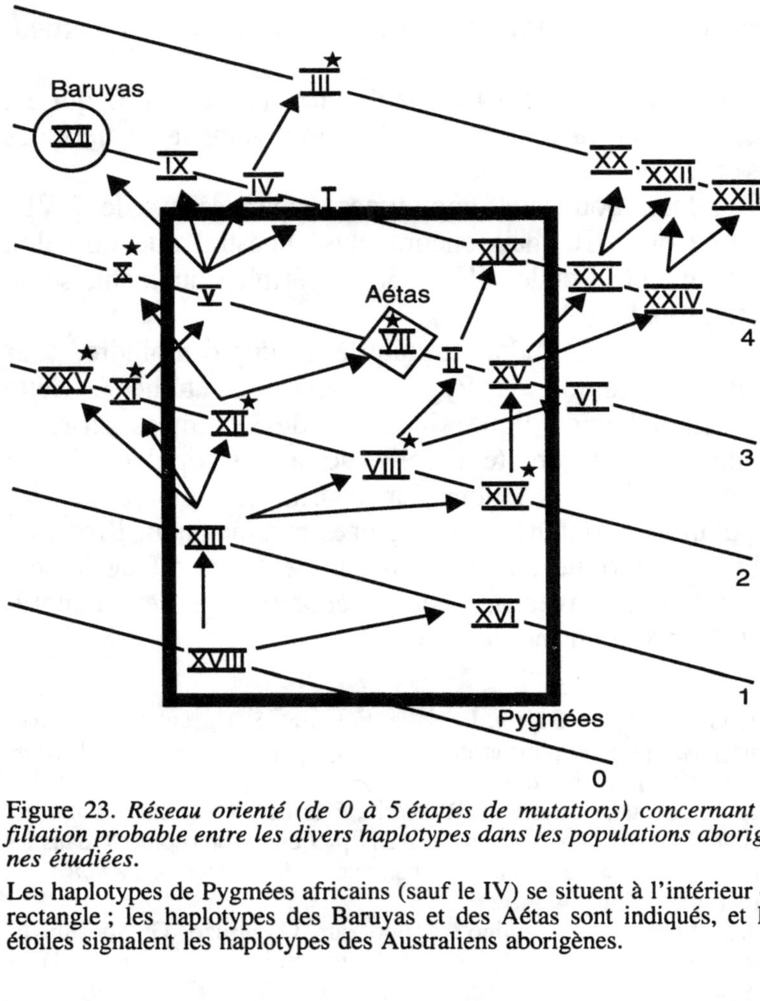


Figure 23. *Réseau orienté (de 0 à 5 étapes de mutations) concernant la filiation probable entre les divers haplotypes dans les populations aborigènes étudiées.*

Les haplotypes de Pygmées africains (sauf le IV) se situent à l'intérieur du rectangle ; les haplotypes des Baruyas et des Aétas sont indiqués, et les étoiles signalent les haplotypes des Australiens aborigènes.

La figure 23 donne une représentation de l'ensemble des données concernant la filiation des différents haplotypes p49 dans les diverses populations que nous avons personnellement étudiées, telle que nous la concevons actuellement. On voit que la distribution haplotypique chez les Pygmées africains est tout à fait centrale, comme s'il s'agissait du « creuset » à partir duquel les autres ethnies avaient évolué par la suite.

Il nous semble très remarquable en effet d'y constater que les Pygmées, vraisemblablement les premiers habitants connus du continent africain (avec les Bochimans d'Afrique du Sud), présentent, d'une part, une diversité notable dans les nombres d'haplotypes du chromosome Y étudiés, et d'autre part *une prépondérance numérique nette de l'haplotype prédit être l'haplotype ancestral par nos calculs*, et dont les composantes alléliques ont été retrouvées pratiquement inchangées chez le Chimpanzé — ce qui démontre qu'il s'agit d'un haplotype fort ancien.

Il existe en fait au moins deux groupes de populations aborigènes en Afrique subsaharienne. Le premier est constitué par les différentes ethnies pygmées ; comme exposé précédemment, nous pensons (en nous fondant sur la phylogénie des haplotypes p49) qu'il représente le groupe basal. Le second groupe rassemble différentes ethnies aborigènes d'Afrique du Sud : les Bochimans et les Hottentots, qui sont moins connus du public français que les pygmées. On qualifie quelquefois ces populations aborigènes d'Afrique du Sud de « Jaunes d'Afrique », car leur peau est effectivement de cette couleur pour certains d'entre eux ; leurs autres caractéristiques physiques principales sont : un visage triangulaire et aplati, la stéatopygie, et leur langage (composé notamment de « clics » et autres sons gutturaux). Lequel de ces deux groupes africains aborigènes anciens — les Pygmées ou les Bochimans — est « le plus ancien » ? A. Spurdle (un autre chercheur du Laboratoire de Jenkins) a étudié un certain nombre d'individus originaires de ces populations d'Afrique du Sud à l'aide de la p49. Le dendrogramme qui en résulte montre une séparation nette entre les

Bantous d'une part, les Européens résidant en Afrique du Sud d'autre part. Un premier groupe de Bochimans (San) se révèle très proche des Européens, vraisemblablement en raison des mélanges consécutifs à l'arrivée des Blancs ; un second groupe San est situé sur le dendrogramme à l'intérieur du groupe des Bantous, mais proche des populations sémites et indiennes émigrées en Afrique du Sud, et il en va de même, quoiqu'à un moindre degré, des Damas et Namas (populations plus typiquement négroïdes, bien que parlant un langage apparenté à celui des Bochimans). Ainsi, il ressort de cette étude comparée que les populations pygmées représentent bien en Afrique le groupe primordial, les aborigènes d'Afrique du Sud constituant un ensemble de provenance probablement orientale, ayant secondairement migré (en des temps fort reculés il est vrai) sur le continent africain.

*Données récentes sur les polymorphismes du chromosome Y*

L'événement majeur de l'année 1992 a été sur ce point la publication de la première carte [1] couvrant la quasi-totalité de la portion euchromatique du chromosome Y. Une banque dans les chromosomes de levure a été constituée à partir de clones de l'Y ; au total, 207 séquences différentes correspondant à des portions distinctes de l'Y ont été assignées en 127 intervalles ordonnés le long du chromosome, sur la base de leur présence/absence dans les clones de levure (séparés

1. S. Foote, D. Wollrath, A. Hilton, D. C. Page, « The human Y chromosome : overlapping DNA clones spanning the euchromatic region », *Science* (1992), **258**, p. 60-6.

entre eux en moyenne par un espace d'environ 220 kb à chaque fois).

Cependant, malgré des efforts considérables [1], très peu de clones de l'Y se sont montrés variables, et le polymorphisme TaqI de la p49 que nous avions initialement découvert constitue toujours, et de très loin, le marqueur le plus informatif utilisable en anthropologie moléculaire. En effet, le tableau 11 résume la caractérisation de l'ensemble des polymorphismes Y actuellement publiés : parmi eux, ceux qui sont révélés par les sondes 116/21 et 13/0,9 ne concernent que deux individus variables dans les populations, et le polymorphisme de la 47z est limité à certains groupes asiatiques particuliers ; l'allèle TaqI de 8,5 kb de la 12f2 est fixé

Tableau 11. *Principaux polymorphismes du chromosome Y décrits à ce jour.* Mis à part le cas de la p49, tous les autres polymorphismes décrits ne sont que bialléliques.

| Sondes | Enzymes de restriction utilisées | Découvreurs |
|---|---|---|
| 12f2 | TaqI, EcoRI | Casanova |
| 49f/49a | TaqI | Lucotte |
| 21A1 | TaqI | Jakubiczka |
| 47z | StuI | Nakahori |
| 116/21 | PstI | Malaspina |
| 13/0,9 | BglI | Malaspina |

1. S. Jakubiczka, J. Arnemann, H. Cooke, M. Krawczak, J. Schmidtke, « A search for restriction fragment length polymorphism on the human Y chromosome », *Hum. Genet.* (1989), **84**, p. 86-8 ; P. Malaspìna, F. Persichetti, A. Novelletto, C. Iodice, L. Terrenato, J. Wolfe, M. Ferraro, G. Pantrera, « The human Y chromosome schows a low level of DNA polymorphism », *Ann. Hum. Genet.*, (1990), **54**, p. 297-305 ; A. Spurdle, T. Jenkins, « The search for Y chromosome polymorphism is extended to Negroids », *Hum. Mol. Genet.* (1992), **1**, p. 169-70.

dans la seule population africaine (Sénégal) étudiée [1] ; quant à l'allèle TaqI le plus rare de la 21A1, son étude dans plusieurs populations [2] a montré que sa fréquence était basse chez les Pygmées et les Bochimans, légèrement plus élevée chez les autres Africains (mais dépassant rarement 10 %), et non significativement différente chez les Européens.

Deux études récentes [3] ont utilisé une autre catégorie de polymorphismes de l'Y, ceux qui relèvent d'énormes fragments obtenus grâce à certaines enzymes de restriction (comme XbaI, BglII ou SfiI) coupant rarement le long du génome ; de tels polymorphismes traduisent de grandes différences de longueur des fragments, qui sont alors révélées au moyen d'une technique électrophorétique adéquate dite « en champs pulsés » (la migration électrophorétique des fragments est obtenue en alternant le sens du courant dans le gel, ce qui favorise la résolution des grands segments d'ADN). Plusieurs polymorphismes de l'Y de ce type ont pu ainsi être mis en évidence ; ils concernent surtout des différences en nombre de copies de séquences d'ADN répétées le long du chromosome. Comme le chromosome Y ne recombine pas pour l'essentiel de sa longueur, l'utilisation

---

1. A. Brega, A. Torroni, O. Semino, L. Maccioni, M. Casanova, R. Scozzani, M. Fellous, A. S. Santachiara-Benerecetti, « The p12f2/TaqI Y-specific polymorphism in three groups of Italians and in a sample of Senegalese », *Gene Geogr.* (1987), **1**, p. 201-6.

2. A. Spurdle, T. Jenkins, « The Y-specific p21A1/TaqI polymorphism occurs in four major population groups », *Hum. Hered.* (1993), **43**, p. 31-4.

3. M. A. Jobling, « A survey of long-range DNA polymorphisms on the human Y chromosome », *Hum. Mol. Genet.* (1994), **3**, p. 107-14 ; N. Mathias, M. Bayés, C. Tyler-Smith, « Highly informative compound haplotypes for the human Y chromosome », *Hum. Mol. Genet.* (1994), **3**, p. 115-23.

de tels polymorphismes répartis sur l'Y, en conjonction avec les autres polymorphismes déjà précédemment décrits (dont ceux détectés par p49), permet d'établir l'existence d'un certain nombre de « super-haplotypes », selon les combinaisons alléliques propres aux différents marqueurs. Trois de ces haplotypes ont été décrits pour l'instant : le groupe 1 (pour lequel l'haplotype p49 principal est le XV) est caractéristique des Européens ; le groupe 2 est composite, mais comprend notamment les Africains ; le groupe 3 (pour lequel l'haplotype p49 principal est le XI) comporte essentiellement des Orientaux. Le dendrogramme déduit prenant en compte les principales composantes de cette source de variation présente un premier branchement comportant des représentants de plusieurs populations (où se trouvent tous les Africains, les Pygmées occupant la base) séparées des Européens, les Amérindiens occupant la position la plus périphérique et les Bochimans une situation intermédiaire entre la première branche et les Caucasiens.

# 7

# Extension de la théorie moléculaire de l'origine africaine à d'autres marqueurs

Le bilan actuel de la théorie moléculaire relative à l'origine africaine d'*Homo sapiens* peut se résumer ainsi, du moins pour ce qui concerne sa forme initiale :

— *Pour les haplotypes de la famille des gènes* β*-globine* : 14 types ont pu être identifiés chez 8 populations d'origines différentes ; 4 de ces 14 types sont répandus dans les groupes étudiés et ne peuvent dériver les uns des autres par des réarrangements simples de l'ADN ; l'un d'entre eux semble exclusivement africain alors que les autres se rencontrent avec une fréquence comparable sur tous les continents, sauf en Afrique où ils sont beaucoup plus rares. Ce qui signifie que l'Homme moderne serait apparu en Afrique, puis qu'un groupe africain aurait (il y a environ 65 000 ans) migré vers l'Europe et l'Asie, perdant à cette occasion les types d'ADN ancestraux ; cette expansion se serait réalisée rapidement (en 20 000 ans environ), puisque les types les plus courants ont des fréquences comparables dans les différentes populations.

— *Pour les types d'ADN mitochondrial* : 133 types d'ADN*mt* différents ont été trouvés sur 147 individus appartenant à 5 populations de provenances géographiques différentes (Europe, Afrique, Asie, Australie et Nouvelle-Guinée). L'arbre généalogique précisant les relations de parenté entre ces différents types comporte deux branches principales, l'une d'entre elles conduisant à des ADN*mt* exclusivement africains. L'interprétation de ces données présentée comme la plus rationnelle est que l'ancêtre commun à tous les ADN*mt* des populations humaines actuelles est originaire du continent africain. L'« Ève Africaine » aurait vécu entre – 280 000 et – 140 000 ans. Un groupe d'Africains ancestraux serait ensuite parti du « jardin d'Éden » pour occuper, en s'y répandant, l'Europe, l'Asie, l'Océanie...

— *Pour les haplotypes du chromosome Y :* moins d'une vingtaine d'haplotypes du chromosome Y sont présents dans diverses populations. Parmi eux, l'haplotype XIII et ses apparentés (définis par leurs combinaisons alléliques primitives particulières) sont les haplotypes ancestraux d'« Adam », comme on l'a établi par simulation sur ordinateur, ainsi que par comparaison avec d'autres espèces de Primates proches de l'Homme. Alors que cet haplotype est minoritaire dans la plupart des groupes étudiés, y compris les Africains, il est en revanche prépondérant chez les Pygmées d'Afrique, ethnie considérée comme établie depuis fort longtemps sur le continent noir.

Ainsi, trois groupes de chercheurs (celui de Wainscoat, celui de Wilson, le mien) ont fourni les données initiales de la théorie moléculaire de l'origine africaine. Ces résultats originaux ont ensuite été confirmés par d'autres chercheurs.

### *Extension lors d'études ponctuelles*

On citera ici trois groupes d'études portant sur des gènes particuliers, dont les résultats vont tous dans le sens de la théorie relative à l'origine africaine.

Dans le cas du gène codant pour l'insuline (situé dans une région localisée sur le bras court du chromosome 11), il existe une série de cinq marqueurs polymorphes RsaI (à 13 000 pb du gène), TaqI (à – 11 000), PvuII (région hyperpolymorphe dénommée 5FP, HincII (à – 68) et SacI (à 5 600) ; il a pu être montré [1] que cette région correspondait à une zone où les phénomènes recombinatoires étaient très accrus ; dans ce secteur, 15 haplotypes différents, résultant de la combinaison des différents polymorphismes, ont été mis en évidence. Or le nombre de ces haplotypes chez les Noirs américains et africains (12) est plus élevé que chez les Caucasiens (6) et les Indiens (5). En outre, trois des haplotypes caucasiens et indiens sont retrouvés chez les Noirs. Enfin, la répartition des haplotypes majoritaires est différente dans les trois groupes. Ces modalités particulières de répartition (nombre d'haplotypes plus élevé chez les Noirs que dans les autres groupes, distribution différente des haplotypes principaux des autres groupes, certains d'entre eux étant présents chez les Noirs) évoquent, dans leurs grandes lignes, celles que nous avons commentées concernant les haplotypes au niveau de la famille des gènes β-globine.

Le cas du gène de l'hormone de croissance est également intéressant à considérer. Il est localisé dans une région de 50 kb sur le chromosome 17 ; six PLFRs y sont situés, dans l'ordre 5′→3′ : un site HincII, un site BamHI, deux sites MspI (A et B) et deux sites BglII (A et B). La comparaison de ces polymorphismes a montré que le site BamHI représentait un site dit privé (qui n'a été trouvé que chez les Noirs américains), alors que les quatre autres sites étaient communs aux trois groupes comparés : Noirs américains,

1. A. Chakravarti, S. C. Elbein, A. Permut, « Evidence for increased recombination near the human insulin gene : implication for disease association studies », *Proc. Natl. Acad. Sci. USA* (1986), **83**, p. 1045-9.

Méditerranéens et Européens du Nord [1]. On connaît aussi des exemples inverses, où la fréquence d'un polymorphisme particulier est plus basse dans le groupe africain ; c'est par exemple le cas du gène exprimé de la dihydrofolate réductase (DHFR), localisé sur le chromosome 5 ; il existe des séquences DHFR non exprimées situées sur d'autres chromosomes, en particulier DHFR Pl sur le chromosome 18. Cette séquence DHFR Pl peut être plus ou moins fréquente d'une population à l'autre : elle se rencontre chez 94 % des Méditerranéens, 77 % des Indiens, 67 % des Chinois, 57 % des habitants d'Asie du Sud-Est, 32 % des Noirs américains [2] (il a été suggéré que cette dernière valeur, la plus basse de toute, était la conséquence de l'apport de gènes caucasiens dans une population métissée).

Les exemples précédemment cités concernent l'enseignement tiré de combinaisons haplotypiques à deux gènes (insuline et hormone de croissance), qui ont été publiés avant que la théorie de l'origine africaine n'ait été émise. Tous deux confirment cependant une diversification accrue chez les Noirs. Dans le cas de la dihydrofolate réductase, c'est l'inverse, puisque la séquence non exprimée se rencontre principalement en Europe (elle est donc, dans le cadre de la théorie, d'apparition postérieure à la différenciation initiale). Un autre bon exemple, récemment étudié, de gène d'origine africaine est celui de l'apolipoprotéine B (apo B) : les variants de l'apo B sont immunogènes chez

---

1. A. Chakravarti, J. A. Phillips III, K. H. Mellits, K. H. Buetow, P. H. Seeburg, « Patterns of polymorphism and linkage disequilibrium », *Proc. Natl. Acad. Sci. USA* (1984), **81**, p. 6085-9.

2. N. P. Anagnou, S. E. Antonorakis, S. J. O'Brien, W. S. Modi, A. W. Nienhuis, « Chromosomal localization and racial distribution of the polymorphic human dihydrofolate reductase pseudogene », *Am. J. Hum. Genet.* (1988), **42**, p. 345-52.

l'Homme, et cinq sites immuns différents ont ainsi pu être mis en évidence (chacun caractérisé par une substitution d'un acide aminé par un autre au niveau de la séquence protéique correspondante). Les combinaisons variées entre ces différents sites permettent d'identifier 14 haplotypes différents dans les populations [1], et il a été montré que la fréquence de l'haplotype n° 13 (le plus fréquent chez les Bantous) décroissait de l'Afrique à l'Europe et à l'Inde, puis au Tibet, en Chine et en Australie. Par séquençage d'ADN des régions codantes incriminées correspondantes chez l'Homme, le Chimpanzé et le Gorille, il a été prouvé que l'haplotype 13 représentait bien la forme ancestrale. Le génocline (variation graduée dans les différents continents) observé pour l'haplotype 13 a donc été interprété par les auteurs dans le cadre de la théorie de l'origine africaine. Avec une fréquence observée de 0,695 chez les Bantous, on constate en effet une décroissance progressive dans l'ordre proposé plus haut, décroissance explicable par les migrations d'Afrique centrale vers l'Europe et l'Asie, puis vers l'Australie.

### *Études globales*

Nous avons résumé au cours du chapitre 3 la théorie initiale de Nei. Cet auteur a d'abord confirmé avec Roychou-

---

1. J. Rapacz, L. Chen, E. Butler-Brunner, M. J. Wu, J. O. Hasler-Rapacz, R. Butler, V. N. Schumaker, « Identification of the ancestral haplotype for apolipoprotein B suggests an African origin of *Homo sapiens sapiens* and traces their subsequent migration to Europe and the Pacific », *Proc. Natl. Acad. Sci. USA* (1991), **88**, p. 1403-6.

dhury[1] la position singulière de la racine séparant les Africains des non-Africains sur un échantillonnage plus important, et a par la suite comparé les distances génétiques entre Européens, Asiatiques et Africains[2] en prenant en compte, outre des marqueurs classiques (84 loci protéiques, 33 de groupes sanguins, 8 de locus HLA et immunoglobuline), les données bibliographiques recueillies sur 61 autres marqueurs ADN. Les populations étudiées sont : pour l'Europe, les Anglais principalement ; pour l'Asie, les Japonais ; pour l'Afrique, les Bantous du Nigeria et du Cameroun. Les marqueurs ADN utilisés[3] l'ont été soit par les fréquences haplotypiques lorsqu'elles étaient disponibles, soit sur la base de chaque site de restriction séparé (pour un total de 34 régions chromosomiques indépendantes). Le calcul des distances entre groupes pour les marqueurs ADN confirme la position centrale des Africains par rapport aux Européens (distance de 0,081 ± 0,017) et aux Asiatiques (0,109 ± 0,025), valeurs confirmant tout à fait les mesures globales effectuées sur l'ensemble des marqueurs (0,063 ± 0,011 et 0,078 ± 0,013, respectivement).

Récemment, Nei est encore revenu sur cette question[4] en recourant cette fois à une nouvelle méthode statistique

1. M. Nei, A. K. Roychoudhury, « Genetic relationship and evolution of human races », *Evol. Biol.* (1982), **14**, p. 1-59.

2. M. Nei, G. Livshits, « Genetic relationships of Europeans, Asians and Africans and the origin of modern *Homo sapiens* », *Hum. Hered.* (1989), **39**, p. 276-81.

3. A. M. Bowcock, C. Bucci, J. M. Herbert, J. R. Kidd, K. K. Kidd, J. S. Friedlaender, L. L. Cavalli-Sforza, « Study of 47 DNA markers in five populations from four continents », *Gene Geogr.* (1987), **1**, p. 47-64.

4. M. Nei, A. K. Roychoudhury, « Evolutionary relationships of human populations on a global scale », *Mol. Biol. Evol.* (1993), **10**, p. 927-43.

susceptible de bien tenir compte des taux variables d'évolution dans les différentes populations. Sa conclusion principale reste inchangée : séparation initiale sur l'arbre entre Africains et non-Africains.

Par la suite, l'étude originale de synthèse la plus importante a associé le groupe de Cavalli-Sforza à celui de Ken et Judy Kidd, de l'École de Médecine de l'Université Yale. Leur travail, considérable, s'est étendu sur plusieurs années. Il a consisté à comparer 100 marqueurs ADN dans 5 populations de référence différentes (sur des lignées cellulaires immortalisées par le virus d'Epstein-Barr) : des Européens d'origine (des Universités de Stanford et Yale), des natifs de Chine vivant dans la baie de San Francisco (mais de parents chinois, et nés dans le nord ou le sud de la Chine), des Mélanésiens de l'île de Bougainville, et deux groupes de Pygmées africains de République centrafricaine et du Zaïre (le nombre moyen de chromosomes testés est de 43,7 pour les Pygmées de Centrafrique, de 50,3 pour ceux du Zaïre, de 25,8 pour les Mélanésiens, de 63,8 pour les Chinois, de 109,7 pour les Européens) ; si le nombre des individus testés et des populations n'est pas très élevé, celui de *100 polymorphismes nucléaires indépendants*[1] *étudiés fait de cette étude la plus complète à ce jour en la matière.*

Le tableau 12 donne deux sortes d'estimations des distances génétiques entre les 5 populations fondées sur l'étude de ces 100 marqueurs ADN indépendants. Ce tableau montre que les deux populations dont les distances sont les plus faibles sont les Pygmées de Centrafrique et du Zaïre, alors

---

1. A. M. Bowcock, J. M. Hebert, J. L. Mountain, J. R. Kidd, J. Rogers, K. K. Kidd, L. L. Cavalli-Sforza, « Study of an additional 58 DNA markers in five human populations from four continents », *Gene Geogr.* (1991), **5**, p. 151-73.

Tableau 12. *Estimations des distances génétiques entre les cinq populations fondées sur les résultats concernant 100 polymorphismes ADN* (d'après Bowcock et collaborateurs, 1991).

Les distances indiquées au-dessus de la diagonale concernent l'estimation non biaisée de la distance génétique ordinaire, alors que celles qui figurent en dessous concernent les $F_{ST}$ (valeurs corrigées pour les biais inhérents aux relativement faibles nombres d'individus testés) ± erreurs standards. Sur ces résultats a été testée la constance des taux d'évolution dans les différentes branches, les distances calculées situées à l'intérieur des différents cadres du tableau devant être égales : pour le petit rectangle, en effet, les valeurs de 0,171 et de 0,148 (± erreurs standards) sont très proches. A l'intérieur du grand rectangle, les résultats apparaissent *a priori* assez hétérogènes, mais ils peuvent être présentés en deux blocs : le premier concerne les distances entre les deux populations africaines et les Européens (valeurs de 0,141 et 0,142, homogènes et faibles) ; le second correspond à des distances plus grandes (0,235 ; 0,235 ; 0,242 et 0,265) et relativement homogènes. Entre ces deux blocs, l'analyse montre une hétérogénéité significative à l'intérieur du grand rectangle, *les Européens étant plus proches des Africains qu'ils ne devraient l'être.* Parmi les trois hypothèses susceptibles d'expliquer cette particularité (taux d'évolution plus faible dans la branche européenne, biais d'échantillonnage résultant du choix initial — parmi les marqueurs utilisés — de ceux qui sont les plus polymorphes chez les Européens, ou mélanges survenus entre populations de l'arbre ayant donné naissance aux Européens), la dernière semble être considérée prépondérante par les auteurs de l'article.

| | Pygmées de Centrafrique | Pygmées du Zaïre | Mélanésiens | Chinois | Européens |
|---|---|---|---|---|---|
| Pygmées de Centrafrique | | 0,023 ± 0,006 | 0,133 ± 0,020 | 0,144 ± 0,023 | 0,088 ± 0,014 |
| Pygmées du Zaïre | 0,043 ± 0,011 | | 0,139 ± 0,021 | 0,139 ± 0,022 | 0,084 ± 0,011 |
| Mélanésiens | 0,242 ± 0,031 | 0,265 ± 0,034 | | 0,094 ± 0,014 | 0,086 ± 0,013 |
| Chinois | 0,235 ± 0,032 | 0,235 ± 0,033 | 0,171 ± 0,019 | | |
| Européens | 0,141 ± 0,022 | 0,142 ± 0,017 | 0,148 ± 0,019 | 0,093 ± 0,016 | 0,058 ± 0,011 |

que celles dont les distances sont les plus fortes sont les Chinois et les Européens. La distance des Mélanésiens aux

Chinois et aux Européens est plus faible que leur distance aux Pygmées ; cependant, les Mélanésiens sont les plus proches des Chinois et des Européens, et la racine est située entre les deux populations africaines d'une part, et entre les autres populations non africaines d'autre part.

L'arbre qui a été déduit de tout cela [1], calculé selon la méthode de la liaison moyenne, puis vérifié par celle du maximum de vraisemblance (en admettant des vitesses d'évolution constantes selon les différentes branches), est représenté sur la figure 24. L'examen de cette figure permet de se rendre compte que cet arbre confirme tout à fait la notion de séparation initiale entre Africains et non-Africains au cours de l'évolution humaine ; la seconde divergence de l'arbre sépare les Mélanésiens des Chinois, mais aussi des Européens.

L'ensemble de ces résultats, fondés sur un travail tout à fait exhaustif, concerne donc un nombre très élevé de marqueurs nucléaires. Les conclusions qui peuvent en être tirées, et qui confirment tout à fait la théorie initiale soutenue dans ce livre, doivent donc être considérées comme maintenant définitives quant aux propositions de filiations et de branchements de populations. Il y a peu de chance en effet pour que l'apport éventuel d'informations supplémentaires (fondées sur de nouveaux marqueurs) puisse modifier en quoi que ce soit à l'avenir l'ensemble des conclusions précédemment énoncées, comme viennent précisément de le vérifier les équipes de Kidd et de Cavalli-Sforza, qui ont étudié trente marqueurs hyperpolymorphes correspondant

1. A. M. Bowcock, J. R. Kidd, J. L. Mountain, J. M. Hebert, L. Carotenuto, K. K. Kidd, L. L. Cavalli-Sforza, « Drift, admixture, and selection in human evolution : a study with DNA polymorphisms », *Proc. Natl. Acad. Sci. USA* (1991), **88**, p. 839-43.

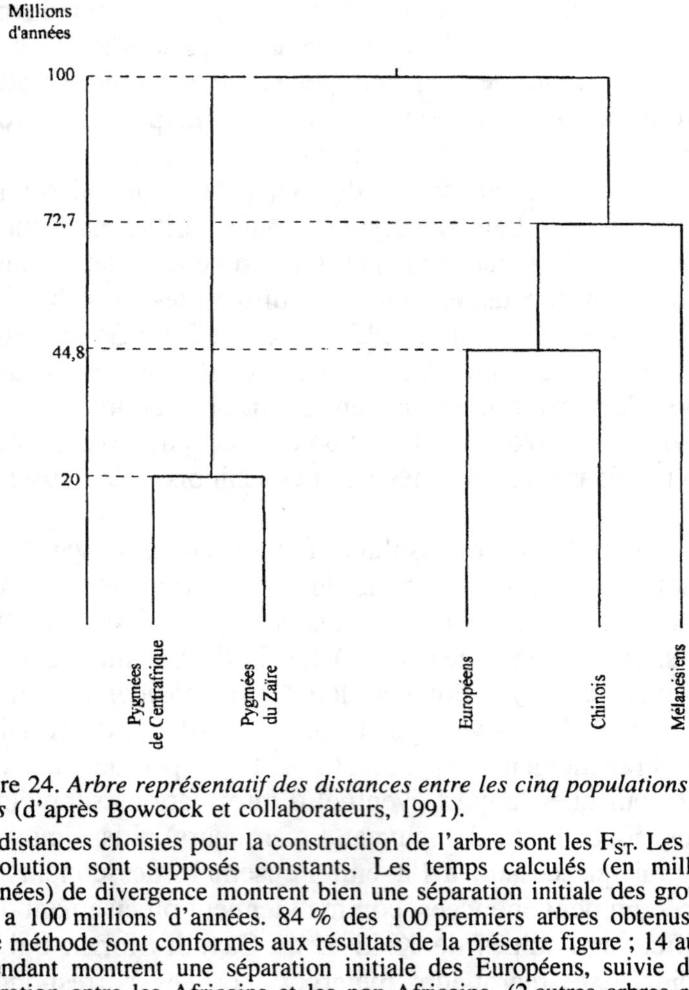


Figure 24. *Arbre représentatif des distances entre les cinq populations étudiées* (d'après Bowcock et collaborateurs, 1991).

Les distances choisies pour la construction de l'arbre sont les $F_{ST}$. Les taux d'évolution sont supposés constants. Les temps calculés (en millions d'années) de divergence montrent bien une séparation initiale des groupes il y a 100 millions d'années. 84 % des 100 premiers arbres obtenus par cette méthode sont conformes aux résultats de la présente figure ; 14 autres cependant montrent une séparation initiale des Européens, suivie d'une séparation entre les Africains et les non-Africains. (2 autres arbres rares, qui révèlent encore une autre topologie, sont considérés comme des accidents dus au hasard.)

aux séquences répétées CA chez dix individus provenant de quatorze populations indigènes réparties sur les cinq continents[1]. Sur l'arbre qui en résulte, la première divergence concerne bien les Africains, suivie de celles qui groupent les Européens, les Est-Asiatiques et les populations du Pacifique (la branche américaine est issue de celle des populations asiatiques). En outre, la mesure de la variation (concernant aussi bien l'hétérozygotie que le nombre d'allèles) révèle des valeurs plus élevées en Afrique que sur les autres continents.

### *Cas particulier du système HLA*

La famille des gènes HLA est responsable de la production d'un des systèmes protéiques connu parmi les plus polymorphes qui soient, et qui a été intensément étudié dans le passé par les techniques sérologiques et immunologiques. Particulièrement variables sont les produits des gènes HLA dits de classe II (HLA-DR et DQ). Leur variation est surtout connue chez les Européens. On est récemment parvenu à étudier la variation de ces gènes au niveau de l'ADN grâce à des enzymes de restriction (comme TaqI) qui révèlent de nombreux polymorphismes de taille des fragments. Deux contributions[2] ont ainsi étendu le champ de l'étude de ces

---

1. A. M. Bowcock, A. Ruiz-Linares, J. Tomfohrde, E. Minch, J. R. Kidd, L. L. Cavalli-Sforza, « High resolution of human evolutionary trees with polymorphic microsatellites », *Nature* (1994), **368**, p. 455-7.

2. O. Olerup, M. Troye-Blomberg, G. M. T. Schreuder, E. M. Riley, « HLA-DR and DQ gene polymorphism in West Africans is twice as extensive as in North European Caucasians : evolutionary implications », *Proc. Natl. Acad. Sci. USA* (1991), **88**, p. 844-8 ; A. V. S. Hill, C. E. M. Allsopp, D. Kwiathowski, T. E. Taylor, S. N. R. Yates, N. M. Anstey, J. J. Wirima, D. R. Brewster, A. J. Mc Michael, M. E. Molyneux, B. M. Greenwood, « Extensive genetic diversity in the HLA class II region in Africains, with a focally predominant allele, DRBI-1304, » *Proc. Natl. Acad. Sci. USA* (1992), **89**, p. 2277-81.

polymorphismes TaqI chez les Africains (de l'Ouest) en les comparant aux données obtenues chez les Européens. Ces travaux ont démontré — l'importance de la variation chez les Africains de l'Ouest étant près de deux fois supérieure à celle des Européens du Nord — que les Africains constituent la population la plus diversifiée qui soit au regard du HLA, et donc la plus ancienne. Les auteurs de ces contributions ont par conséquent conclu eux aussi à l'évidence de l'origine africaine de l'Homme moderne.

# Conclusions et perspectives

Nous sommes maintenant en mesure d'aborder les grandes questions relatives à l'origine de notre espèce. *Où ? Qui ? Quand ? Comment ? Pourquoi ?*

Nous ne disposons pour l'instant d'aucun élément nous permettant de répondre au *pourquoi*. Pour le *comment*, les résultats donnent simplement quelques indications sur la manière dont s'est déroulé le peuplement des continents en dehors de l'Afrique à partir d'un petit nombre (un seul couple à la limite) d'individus fondateurs. Il en a été inféré, par pure extension, qu'il a pu en aller de même pour l'initiation de notre espèce.

*Où ?* A cette question, nous pouvons répondre : très certainement en Afrique. Cette première conclusion repose sur la constatation d'une séparation initiale (d'après les données des marqueurs ADN nucléaires et de l'ADN mitochondrial) entre les populations africaines et toutes les autres.

Récemment, les études de séquences de l'ADN*mt* par Wilson et ses collaborateurs ont confirmé, en la précisant, cette conclusion. Cette approche a bénéficié de l'apport de la nouvelle technique de polymérisation en chaîne (permettant l'obtention d'une relativement grande quantité d'ADN à partir d'un tout petit nombre de molécules cibles — une seule à la limite) : il a été ainsi possible d'obtenir facilement une quantité suffisante de matériel amplifié (à partir par exemple de prélèvements provenant du bulbe de seulement quelques cheveux par individu[1]) pour permettre un séquençage direct de la partie de la molécule d'ADN*mt* correspondant à la « région de contrôle » = séquence de régulation (segment de 1 122 pb d'ADN non codant, hautement polymorphe selon les individus, et évoluant très rapidement), qui a été examinée avec une grande précision.

Par séquençage de cette région sur un total de 189 individus, dont 121 natifs d'Afrique, Wilson et ses collaborateurs[2] ont obtenu 135 types d'ADN*mt*. Sur cette base, il a été construit, par application du principe de parcimonie, un nouvel arbre (dont la racine a été calculée par rapport à la séquence de contrôle correspondante étudiée chez le Chimpanzé). Là encore, l'arbre obtenu montre une dichotomie initiale, avec une première branche constituée de six types d'ADN*mt* africains, et une seconde comportant tous les autres types (un certain nombre d'entre eux étant aussi Africains).

Il convient à ce sujet de rappeler à nouveau que ce dernier type d'arbre ne représente qu'un « arbre moyen », résultant de la comparaison d'un grand nombre des solutions potentielles obtenues : cet arbre a été construit en ne retenant pour les 135 types que les positions nucléotidiques informatives (119 sites retenus, en écartant les positions invariables et celles — variables — qui aboutissent aux mêmes nombres de mutations par rapport à l'ordre de branchement au niveau de l'arbre). Le programme informatique utilisé a produit 100 premiers arbres, avec une longueur minimale comportant

---

1. L. Vigilant, R. Pennington, H. Harpending, T. D. Kocher, A. C. Wilson, « Mitochondrial DNA sequences in single hairs from a Southern African population », *Proc. Natl. Acad. Sci. USA* (1989), **86**, p. 9350-4.

2. L. Vigilant, M. Stoneking, H. Harpending, K. Hawkes, A. C. Wilson, « African populations and the evolution of human mitochondrial DNA », *Science* (1991), **253**, p. 1503-7.

528 étapes (les topologies de ces arbres ne différant les unes des autres que par la disposition de certaines branches périphériques). Et ce n'est que l'un des 100 premiers arbres de longueur minimale ainsi établis qui a été tiré au hasard, et présenté dans la publication initiale comme l'arbre typique.

Trois modélisations supplémentaires dans cet article renforcent l'assertion initiale : la première est relative au nombre de mutations additionnelles qui seraient nécessaires pour produire un arbre dont l'ordre de branchement indiquerait que l'ancêtre commun ADN*mt* vivait en une localisation géographique autre que l'Afrique ; la seconde calcule la probabilité pour qu'un tel arbre — dont les 14 branches les plus profondes sont toutes africaines — puisse avoir été construit par pur hasard ; la troisième montre que les différences en séquences de l'ADN*mt* sont beaucoup plus importantes chez les Africains qu'en Asie ou en Europe. Une autre étude expérimentale indépendante du même type [1] a aussi clairement montré que la diversité était plus élevée en Afrique que dans les autres pays, et que les habitants du continent noir avaient divergé les premiers au niveau de l'arbre phylogénique.

Wilson et ses collaborateurs avaient signalé dans leur publication qu'il existait en fait beaucoup d'autres arbres à 528 étapes (10 267 arbres possibles pour 135 types d'ADN*mt* concernant les 119 sites, le nombre de ceux d'entre eux — inconnu d'ailleurs — qui correspondent aux arbres les plus parcimonieux étant au moins d'un billion). Trois « attaques » simultanées ultérieures [2] ont exploité ce

1. S. Horai, K. Hayasaka, « Intraspecific nucleotide sequence differences in the major non coding region of human mitochondrial DNA », *Am. J. Hum. Genet* (1990), **46**, p. 828-42.

2. A. R. Templeton, « Human origins and analysis of mitochondrial DNA sequences » , *Science* (1991), **255**, p. 737 ; S. B. Hedges, S. Kumar,

point particulier, en tentant d'établir que l'arbre choisi ne donnait pas une solution univoque. Ces approches ne nous semblent cependant pas convaincantes, et il est notable que leurs tenants diffèrent complètement les uns des autres pour ce qui concerne les modalités de mise en œuvre des programmes utilisés à la détection des arbres les plus parcimonieux. En outre, aucun consensus n'a pu être obtenu entre les trois groupes de chercheurs pour ce faire (on a ironiquement fait remarquer que le seul point d'accord entre ces trois études concernait le traitement de l'information obtenue par sélection des arbres les plus courts ; or, il n'est nullement établi que la sélection des arbres courts aboutit à une meilleure estimation de l'arbre véritable). Stoneking travaille actuellement sur la construction d'un autre type d'arbre, selon la méthode dite « de jonction des voisins » développée par Saitou (plutôt que de comparer — comme le fait le programme PAUP — des individus entre eux, cette méthode vise à la construction d'arbres par études successives de couples de séquences, de façon à minimiser progressivement le nombre total des changements) ; ses conclusions ne sont pas encore connues.

Les résultats obtenus sur diverses populations en comparant les séquences de contrôle de l'ADN*mt* peuvent nous permettre de revenir, quoique de façon très indirecte, sur la question du *comment*. La comparaison de plusieurs populations (d'Europe du Sud et du Moyen-Orient notamment) a permis de se rendre compte que la séparation de la plupart des branches conduisant aux différents types se réalisait en

---

K. Tamura, M. Stoneking, *idem*, p. 737-9 ; D. R. Maddison, M. Ruvolo, D. L. Swofford, « Geographic origins of human mitochondrial DNA : phylogenetic evidence from control region sequences », *Syst. Biol.* (1992), **41**, p. 111-24.

effet dans un intervalle de divergence moyenne de séquences de l'ordre du dernier tiers[1]. De plus, pour ces populations, il existe de très nombreuses branches conduisant aux différents types, comme si ceux-ci préexistaient dans la population ancestrale initiale. L'explication qui a été donnée de ces particularités est la suivante : comme on l'a déjà signalé, lorsqu'une population reste constante en effectif chaque mère est remplacée en moyenne par une autre mère qui en dérive, de telle sorte que le nombre de lignées d'ADN*mt* demeure approximativement constant au cours du temps ; au contraire, dans le cas d'une population en expansion, chaque mère peut être remplacée à la génération suivante par plusieurs autres descendantes, et il en résulte que le nombre de lignées d'ADN*mt* augmente. De façon générale, la variation qui est produite en permanence a une probabilité plus importante d'être retenue dans le cas d'une population en expansion : la perte au hasard des lignées, dont nous avions parlé au cours des chapitres précédents (notamment pour les haplotypes β-globine), décroît en importance dans une population qui augmente, et il en résulte que la fréquence des nouveaux points de branchement au niveau de l'arbre obtenu augmente par unité de temps. Le pic correspondant à la plupart des événements de création des branches, observé en un court intervalle de divergence, reflète donc dans le cas particulier une augmentation soudaine de la probabilité de survie des lignées d'ADN*mt*, et traduit une brusque explosion au niveau de la croissance démographique de la population concernée. Ces constatations montrent que l'allure générale de l'arbre repré-

---

1. A. Di Rienzo, A. C. Wilson « Branching pattern in the evolutionary tree for human mitochondrial DNA », *Proc. Natl. Acad. Sci. USA* (1991), **88**, p. 1597-601.

sentatif des populations du Moyen-Orient et de l'Europe du Sud étudiées est donc parfaitement interprétable en termes d'une origine africaine de l'ADN*mt* suivie par l'exode d'un petit nombre de populations hors d'Afrique et leur expansion rapide dans le reste du monde.

Une modalité de représentation qui se prête mieux aux comparaisons entre populations consiste à étudier, au niveau des séquences, la distribution en fréquence des substitutions parmi toutes les paires possibles d'individus dans chaque population étudiée. Ce type de représentation appliquée au cas des populations de l'Europe du Sud et du Moyen-Orient montre une distribution présentant un pic légèrement dévié sur la gauche du centre des valeurs comprises entre le maximum et le minimum des différences de séquence. Alors que le mode varie en gros entre 4 et 7 substitutions, les différences entre paires comparées s'étendent de 0 à 15. Des comparaisons de ce type avec les populations du Japon et les Indiens d'Amérique (dont on sait qu'elles ont été soumises à une explosion démographique récente) montrent aussi des distributions unimodales (tout à fait compatibles avec la distribution théorique dite « de Poisson », où la moyenne est semblable à la variance). En revanche, les populations africaines étudiées à cet égard (les Bochimans et les Pygmées d'Afrique) montrent des distributions plus étendues (de 0 à 20) et à pics multiples, conformément au fait — déjà constaté chez elles — que les lignées correspondantes des arbres s'enracinaient plus profondément. Les modélisations théoriques ultérieures [1], tout en les nuançant, ont tout à fait

1. M. Slatkin, D. Hudson, « Pairwise comparisons of mitochondrial DNA sequences in stable and exponentially growing populations », *Genetics* (1981), **129**, p. 555-62 ; A. R. Rogers, H. Harpening, « Population growth makes waves in the distribution of pairwise genetic differences », *Mol. Biol. Evol.*, (1992), **9**, p. 552-69 ; P. Marjoran, P. Donnely,

confirmé la véracité de ce type de conclusions générales relatives aux modalités premières déductibles des phases initiales de notre évolution.

*Qui ?* La question revient à tenter de retrouver, parmi les populations africaines actuelles, des groupes qui pourraient témoigner d'un très ancien héritage. On sait que les Bochimans et les Pygmées ont toujours été considérés comme anthropologiquement anciens par des générations d'ethnologues. Or, c'est précisément un Bochiman qui se trouve proche de la racine de l'arbre de longueur minimale retraçant l'évolution des différents types d'ADN mitochondrial. Dans les divers travaux que nous avons cités au cours de cet ouvrage, cette question a été fréquemment évoquée. Nous pensons avoir, avec les polymorphismes de l'Y, apporté une solution tranchée à cette question : les Pygmées africains, et en particulier ceux de l'Ouest, représentent à notre avis (dans l'ensemble des populations aborigènes encore représentées à la surface de notre globe) le groupe humain le plus proche des origines.

Un point d'importance est en apparence paradoxal, et il constitue notre principal sujet de travail actuel : lorsque les populations africaines non aborigènes sont étudiées pour les polymorphismes de l'Y, la diversité entre les individus de sexe masculin étudiés est très peu marquée. Aussi bien chez ceux d'Afrique de l'Ouest que d'Afrique centrale ou d'Afrique du Sud (données obtenues lors de trois études indépendantes), les haplotypes IV (A1C0D0F1I1), V (A2C0D0F1I1) et III (A1C0D0F1I0) — c'est-à-dire ceux

---

« Pairwise comparisons of mitochondrial DNA sequences in subdivised populations and implications for early human evolution », *Genetics* (1994), **136**, p. 673-83.

qui comportent les allèles nuls à C et D — rendent compte à eux seuls de l'essentiel (près de 95 % pour les populations d'Afrique centrale que nous avons étudiées) de la variation observée. Or ces données sont en désaccord avec la théorie générale exposée tout au long de ce livre, qui montre que la variation est plus importante — pour tous les autres types de marqueurs — dans l'ensemble des populations africaines. Ce paradoxe pourrait s'expliquer par la polygamie, qui prévaut en Afrique comme dans d'autres pays. Dans ce système d'union, un petit nombre d'hommes (à la position sociale généralement prédominante) transmettent leur génotype Y à l'essentiel de la population masculine descendante. Ces modalités singulières de propagation auraient vu leurs effets augmenter dans les populations africaines étudiées, qui font toutes partie de l'ensemble des peuples ayant participé à ce que l'on nomme « l'expansion bantoue » (qui, à partir de l'Est, se serait rapidement — au cours des temps historiques — étendue à toute l'Afrique centrale et du Sud). L'étude comparée, dans ces populations, des polymorphismes de l'ADN*mt* et ceux de l'Y devrait pouvoir permettre d'apporter des lumières sur cette question.

*Quand ?* La question de la date d'apparition de l'Homme moderne a été beaucoup débattue. Les différents calculs exposés au cours des chapitres précédents pour fixer une date ne sont en fait, dans la plupart des cas, que des extrapolations à partir d'autres dates : celle relative à la période supposée correspondre à la séparation Homme/Chimpanzé, ou celle concernant l'établissement vraisemblable de certaines populations humaines sur les divers continents. En outre, il faut savoir que ces spéculations reposent sur la présupposition d'une vitesse d'évolution constante au cours du temps. Les diverses estimations aboutissent dans l'ensemble à des dates de – 100 000 à – 200 000 années environ pour l'apparition d'*Homo sapiens*, ce qui correspond approximativement à l'âge des plus anciens fossiles d'Homme moderne actuellement datés avec précision.

Les divers résultats concernant le séquençage de la région de contrôle de l'ADN*mt* dans différentes populations ont aussi été utilisés pour parvenir à estimer plus précisément la date d'apparition d'*Homo sapiens*. La première étude sur le sujet [1] a tenu compte de toutes les séquences humaines publiées à l'époque, la séquence de référence hors du groupe choisie correspondant au Chimpanzé (cette étude retient que la date de divergence Homme/Chimpanzé fut – 4 millions d'années). Les dates de branchement entre les divers groupes étudiés ont été estimées grâce à une version améliorée de la méthode du maximum de vraisemblance, et l'approche a tenu compte du fait que la variabilité n'était pas homogène selon les différents sites de la séquence de contrôle (deux catégories de sites ont été considérées : les sites invariables et les sites variables, ces derniers étant considérés comme homogènes). La date obtenue pour la racine la plus profonde de l'arbre humain d'ADN*mt* est de – 280 000 ± 50 000 ans, ce qui est tout à fait compatible avec les dates estimées précédemment (et complètement en accord avec la théorie de l'origine africaine).

Les perfectionnements ultérieurs de ce type de méthode de datation ont consisté, dans un premier temps [2], à tenir compte de façon plus précise de l'hétérogénéité des taux

1. M. Hasegawa, S. Horai, « Time of the deepest root for polymorphism in human mitochondrial DNA », *J. Mol. Evol.* (1991), **31**, p. 37-42.

2. M. Hasegawa, A. D. Di Rienzo, T. D. Kocher, A. C. Wilson, « Toward a more accurate time scale for the human mitochondrial DNA tree », *J. Mol. Evol.* (1993), **37**, p. 347-54.

d'évolution entre les différents sites variables. Ces derniers ont été subdivisés en deux sous-catégories : 143 sites modérément variables (de 1 à 5 substitutions par site), 23 hautement variables (de 6 à 15 substitutions par site). Si l'on tient compte de cette variation différentielle de la région de l'ADN*mt* étudiée, la date estimée de l'origine devient – 211 000 ± 111 000 ans, et celle de la sortie hors d'Afrique de – 89 000 ± 69 000 ans. En prenant en compte, dans un deuxième temps, les taux différentiels selon les catégories de substitution (transition *versus* transversion [1]), la date d'origine devient – 128 000 ans (entre – 80 000 et – 320 000, avec sécurité de 95 %). Une étude générale sur l'influence des biais de substitution — en particulier au niveau des sites hautement variables — vient d'être publiée [2], mais ses conséquences chiffrées sur l'estimation des dates d'origine ne sont pas encore connues.

---

1. K. Tamura, M. Nei, « Estimation of the number of nucleotide substitutions in the control region of mitochondrial DNA in humans and chimpanzees », *Mol. Biol. Evol.* (1993), **10**, p. 512-26.
2. J. Wakeley, « Substitution rate variation among sites in the hypervariable region 1 of human mitochondrial DNA », *J. Mol. Evol.* (1993), **37**, p. 613-23.

# Remerciements

*Les premières versions du présent ouvrage ont été revues et commentées par G. Bräuer pour la paléontologie, J. Wainscoat pour la partie relative aux marqueurs ß-globine, L. Vigilant pour l'ADN mitochondrial, et L. Cavalli-Sforza pour les polymorphismes nucléaires. Qu'ils soient tous remerciés pour leurs remarques et suggestions constructives.*

# Bibliographie générale

Le présent ouvrage est une synthèse simplifiée de mon cours d'anthropologie moléculaire. Ce cours avait déjà fait l'objet d'une monographie.

• G. Lucotte, *Introduction à l'anthropologie moléculaire*, Lavoisier-Technique et documentation, 1990, qui s'appuyait sur une bibliographie exhaustive allant jusqu'à fin 1989.

Le lecteur désirant accéder à une vue d'ensemble de l'anthropologie moléculaire et de ma théorie peut consulter les synthèses suivantes :

• G. Lucotte, « L'anthropologie moléculaire », *La Nouvelle Revue anthropologique*, 1993, p. 14-23.

• G. Lucotte, « L'anthropologie moléculaire », *Grand Larousse annuel*, 1993, p. 174-5.

Ou l'article de vulgarisation :

• A. Wilson, R. Cann, « L'Afrique, berceau récent de l'Homme moderne », *Pour la Science*, juin 1992, p. 32-8.

Un ouvrage récemment paru donne une revue complète de l'approche technique des problèmes d'anthropologie moléculaire :

• E. Devor, *Molecular Applications in Biological Anthropology*, Cambridge, Cambridge University Press, 1992.

Deux symposiums récemment publiés donnent l'ensemble des points de vue sur les problèmes actuels relatifs à l'origine d'*Homo sapiens* :

• G. Bräuer, F. H. Smith, *Continuity or Replacement : Controversies in Homo sapiens Evolution*, Rotterdam, A. A. Balkema Éditeur, 1992.

• M. J. Aitken, C. B. Stringer, P. A. Mellars, *The Origin of Modern Humans and the Impact of Chronometric Dating*, Princeton, Princeton University Press, 1993.

# Bibliographie commentée des travaux originaux de l'auteur et de ses collaborateurs


• **Sur la recherche des sondes polymorphes du chromosome Y** :

K. Y. Ngo, G. Lucotte, « Stratégies de recherche des polymorphismes de restriction des séquences du chromosome Y », *Ann. Génét.* (1986), **29**, p. 88-92.

• **La première description du polymorphisme TaqI de la p49** :

G. Lucotte, K. Y. Ngo, « p49f, a highly polymorphic probe that detects TaqI RFLPs on the human Y chromosome », *Nucl. Acids Res.* (1985), **13**, p. 8285.

• **La première description des haplotypes :**

K. Y. Ngo, G. Vergnaud, C. Johnsson, G. Lucotte, J. Weissenbach, « A DNA probe detecting multiple haplotypes of the human Y chromosome », *Am. J. Hum. Genet.* (1986), **38**, p. 407-18.

• **Pour la localisation précise de la p49f sur le chromosome Y** :

B. Quack, P. Guérin, J. Ruffié, G. Lucotte, « Mapping the probe p49f to the proximal part of the human Y chromosome », *Cytogenet. Cell Genet.* (1988), **47**, p. 232.

• **Pour la transmission du polymorphisme p49 dans les familles** :

P. Guérin, S. Berriche, S. Intrator, P. Rouger, D. Salmon,

Ch. Salmon, G. Lucotte, « Les techniques de polymorphisme de l'ADN de sondes du chromosome Y appliquées au problème des filiations père-fils dans les analyses de paternité », *Rev. Franç. Transf. Immuno-Hématol.* (1988), **31**, p. 513-20.

• **Pour la filiation des différents haplotypes et la mise en évidence des incompatibilités alléliques** :

S. Hazout, G. Lucotte, « Vers une généalogie du chromosome Y », *Ann. Génét.* (1986), **29**, p. 246-52 ; S. Hazout, G. Lucotte, « Linkage disequilibrium between haplotypes and allelic incompatibilities detected with p49f, a probe located on the Y chromosome », *Intern. J. Anthropol.* (1990), **5**, p. 105-8.

• **La sonde p49 est « Anthropoïde-spécifique », la plupart des composantes alléliques de l'haplotype XIII sont présentes chez le Chimpanzé, et la séquence p49 est rétrotransposée au cours de l'évolution** :

K. Y. Ngo, J. Ruffié, G. Lucotte, « Comparaison des fragments de restriction spécifiques du chromosome Y chez l'Homme et le Chimpanzé, ainsi que chez d'autres espèces de Primates », *Biochem. Syst. Ecol.* (1986), **14**, p. 141-8 ; N. Abbas, P. Guérin, P. Bessières, J. Ruffié, G. Lucotte, « Sequences Y-chromosome humain spécifiques présentes chez les singes anthropoïdes », *Biochem. Syst. Ecol.* (1988), **16**, p. 105-9 ; G. Lucotte, V. Barriel, P. Guérin, N. Abbas, J. Ruffié, « Rétrotransposition de la séquence humaine homologue à la p49f sur le chromosome Y au cours de l'évolution des singes anthropoïdes », *Biochem. Syst. Ecol.* (1990), **18**, p. 199-204.

• **Description de la séquence nucléotidique de la p49a** :
G. Lucotte, F. David, M. Mariotti, « Nucleotide sequence of p49a, a genomic Y-specific probe with potential utilization in sex determination », *Mol. Cell. Probes* (1991), **5**, p. 59-63.

• **L'haplotype XIII ancestral est majoritaire chez les Pygmées africains** :
G. Lucotte, P. Guérin, L. Hallé, F. Loirat, S. Hazout, « Y chromosome DNA polymorphisms in two african populations », *Am. J. Hum. Genet.* (1989), **45**, p. 16-20.

• **Les répartitions haplotypiques dans certaines populations aborigènes particulières** :
S. Breuil, L. Hallé, J. Ruffié, G. Lucotte, « Polymorphisme d'une sonde Y-spécifique nommée p49 chez les Papous Baruyas de Nouvelle-Guinée », *Ann. Génét.* (1987), **30**, p. 209-12 ; G. Lucotte, K. R. Sriniva, F. Loirat, S. Hazout, J. Ruffié, « The p49/TaqI Y-specific polymorphisms in three groups of Indians », *Gene Geogr.* (1990), **4**, p. 21-8 ; G. Lucotte, S. Hazout, K. M. Summers, « The p49/TaqI Y-specific DNA haplotypes in australian aborigines », *Gene Geogr.* (1991), **5**, p. 131-6.

• **Pour une revue d'ensemble de la théorie de l'« Adam génétique »** :
A. Gibbons, « Looking for the father of us all », *Science* (1991), **251**, p. 378-80.

# ANNEXE

## Un modèle d'évolution du chromosome Y

La génétique des populations est une discipline biologique fournissant des modèles théoriques d'évolution des gènes. Nous présentons ici, de façon succincte et simplifiée, un modèle d'évolution du chromosome Y au cours de l'évolution humaine rendant compte des modalités d'expansion à partir d'un fondateur (une approche semblable a déjà été réalisée pour l'ADN mitochondrial). Nous avons choisi pour cela plusieurs scénarios démographiques vraisemblables.

Désignons par $P_n$ la probabilité pour qu'un seul père $p$ de la population humaine d'origine (à la génération 0) ait une descendance masculine après $n$ générations. Cette descendance mâle est différente, du point de vue génotypique, de celles des autres pères $p$ de la même population. Supposons qu'il n'y ait aucun avantage sélectif dans la descendance du père $p$ ayant donné naissance à *Homo sapiens* ; il en résulte que le risque de disparition au cours des générations de la descendance masculine du père à l'origine est égal (et indépendant) au risque de disparition d'un quelconque père de la population initiale. $P_n$ peut être calculé en appliquant la formule de la distribution binomiale :

$$P_n = \frac{p(1 - S_n)S_n^{p-1}}{1 - S_n^p} \qquad (1)$$

où $S_n$ est la probabilité qu'un génotype particulier disparaisse à la génération $n$, soit en appliquant la formule de récurrence :

$$S_n + 1 = e^{c\,(P_n - 1)} \qquad (n = 0, 1,...), \qquad (2)$$

avec $c = \lambda/2$, $\lambda$ représentant le nombre d'enfants par père de la génération $n$.

En utilisant ces formules, on peut donc obtenir la valeur de $P_n$, et il devient possible de calculer les probabilités $P_n$/ et $S_n$ d'extinction (en nombre d'individus descendants, ou en gènes) de tous les pères de la population initiale (à l'exception d'un seul) en fonction du nombre $p$ de pères initiaux dans la population de départ et du nombre de générations $n$.

*1°/ Cas d'une population à effectif constant*

Dans ce cas, $\lambda = 2$ en moyenne pour toutes les générations. $S_n$ tend de façon monotone vers la limite de 1 quand $n \to \infty$. La formule suivante peut être appliquée pour les valeurs les plus élevées de $n$ :

$1 - S_n = 2 / n$ (Fisher, 1929).

Le nombre attendu, parmi les pères $p$ de départ qui ont une descendance mâle après $n$ génération, est $p(1 - S_n)$, ce qui donne par application de la formule de Fisher = 1, si $n = 2p$.

Ce résultat signifie qu'après $2p$ générations, seulement un des pères initiaux doit avoir une descendance masculine ; le résultat est identique, pour l'essentiel, à la formulation donnée par Kimura et Ohta (1969), mais il est à notre avis plus intéressant d'étudier la formulation de la probabilité $P_n$ pour que la descendance masculine d'un père donné de la population d'origine ne disparaisse que le temps nécessaire pour que cela se produise en $n$ générations. Selon l'équation (1), $P_n$ tend (avec $S_n$) vers 1, mais plus lentement que $S_n$, et ce processus est d'autant plus lent que $p$ est grand. La figure 25 illustre l'évolution de $P_n$ au cours des générations $n$, fondée sur un certain nombre de valeurs de $p$.

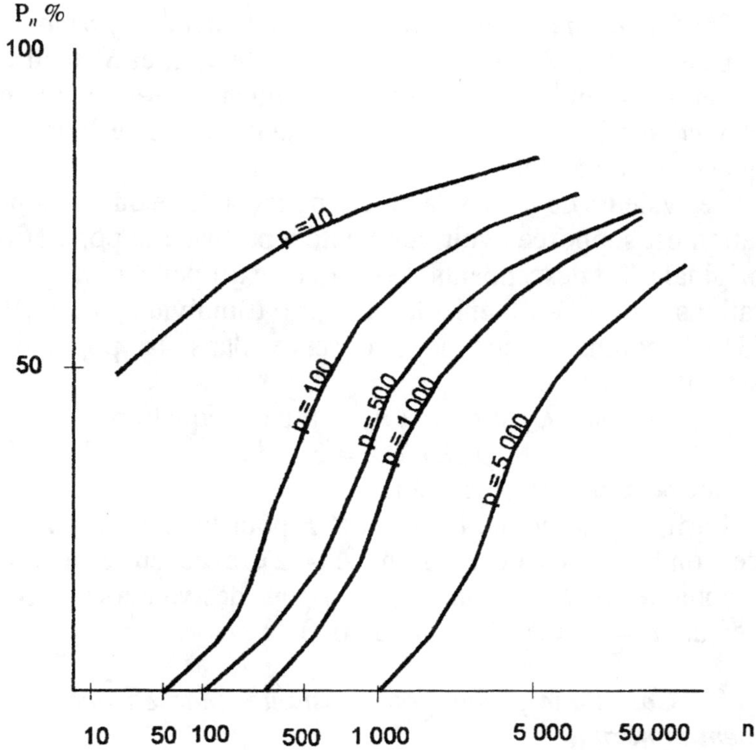


| | n | 10 000 | 30 000 | 50 000 |
|---|---|---|---|---|
| *p* | $P_n$ | | | |
| 10 | | 0,999 | 0,999 | 0,999 |
| 100 | | 0,990 | 0,996 | 0,998 |
| 500 | | 0,950 | 0,983 | 0,990 |
| 1 000 | | 0,903 | 0,967 | 0,980 |
| 5 000 | | 0,582 | 0,842 | 0,903 |

Figure 25. *Probabilités $P_n$ d'extinction de la descendance masculine de tous les fondateurs mâles dans la population initiale à l'exception d'un, en fonction du nombre de générations n (en échelle logarithmique) pour diverses valeurs de p.*

Cette famille de courbes est fondée sur les probabilités d'extinction des pères présents dans la population à l'origine, après un certain nombre de générations *n* (trois valeurs de *n* sont choisies ici).

*2°/ Cas d'une population en accroissement uniforme*

Dans ce cas, $\lambda$ a une valeur constante > 2, et $S_n$ tend de façon monotone vers la limite S < 1 quand $n \to \infty$ ; de même $P_n$ tend aussi vers une limite $P < 1$ ; cette limite de $P$ décroît quand $p$ augmente.

Les valeurs de $\lambda$ sont calculées de façon telle que la population est supposée avoir augmenté à partir de la population originale (2$p$ descendants de chaque sexe) pendant $n_a$ générations, jusqu'à obtenir le nombre d'individus de $6.10^9$ ($3.10^9$ hommes) que l'on observe dans la population actuelle.

Dans ce cas, $\lambda$ est relié à $n_a$ et $p$ par l'équation :

$$p\ (\lambda / 2)_{na} = 3.10^9 \qquad (3)$$

qui peut être résolue pour $\lambda$.

La figure 26 donne les valeurs $P$ pour un certain nombre de combinaisons de $n_a$ et $p$ ($\lambda \approx 2$), avec en *a* et *b* les graphiques de $P_n$ en fonction de $n$ pour des valeurs respectives de $n_a = 50\,000$ et $n_a = 100\,000$.

*3°/ Cas d'une population constante, puis en accroissement uniforme*

Dans le cas d'une population à effectif constant ($\lambda = 2$) pendant $n_1$ générations, puis (pendant $n_2$ générations) en accroissement uniforme ($\lambda > 2$) jusqu'à $n_a$, les valeurs de $P_n$ pendant $n_1$ générations peuvent être déduites d'après les valeurs de la figure 25 : $P_n$ augmente de façon monotone avec $n$, et ensuite $P_n$ décroît dès que l'accroissement de la population commence ; après $n_2$ générations, $P_n$ augmente comme indiqué d'après les valeurs de la figure 26.

La figure 26*a* donne le graphique de $P_n$ pour $n_1 = n_2 = 10\,000$ et la figure 26*b* pour $n_1 = n_2 = 20\,000$ (dans les deux cas, suivant diverses valeurs de $p$).

L'examen rapide de ces figures peut donner l'impression

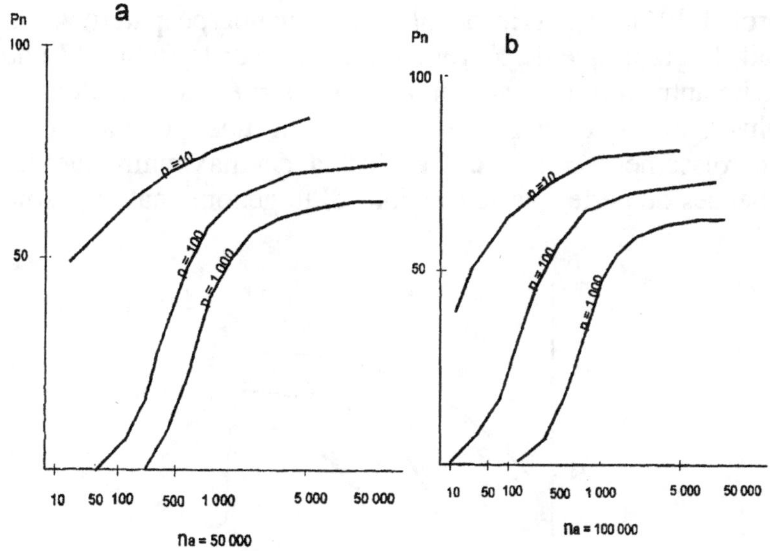


| $n_a$ | $p$ | $P$ |
|---|---|---|
| 10 000 | 10 | 0,982 |
| | 100 | 0,839 |
| | 1 000 | 0,159 |
| 50 000 | 10 | 0,996 |
| | 100 | 0,996 |
| | 1 000 | 0,731 |
| 100 000 | 10 | 0,998 |
| | 100 | 0,983 |
| | 1 000 | 0,858 |

*a* pour $n_a = 50\,000$, et *b* pour $n_a = 100\,000$

Figure 26. *Mêmes types de courbes que sur la figure précédente pour des valeurs diverses de $n_a$ et $p$, en admettant une augmentation uniforme de l'effectif croissant de $2p$ à $6.10^9$ en $n_a$ générations.*

que la constance de la taille de la population pendant la période $n_1$, suivie de son accroissement en $n_2$, augmente les probabilités de survie de plus d'un génotype paternel. En fait, le graphique de $P_n$ fonction de $n$ a sur la figure 27 une toute autre forme, et son maximum à $n = n_1$ est notablement plus élevé que la limite de $P_n$ pour une population en accroissement constant. Or c'est à ce maximum que les chances de perte (ou de fixation) d'un génome paternel sont

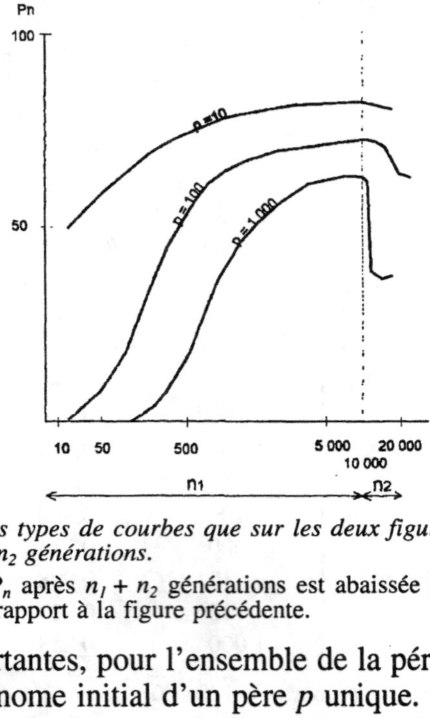


Figure 27. *Mêmes types de courbes que sur les deux figures précédentes, mais après $n_1$ et $n_2$ générations.*

Remarquer que $P_n$ après $n_1 + n_2$ générations est abaissée pour les mêmes valeurs de $p$ par rapport à la figure précédente.

les plus importantes, pour l'ensemble de la période $n_1 + n_2$, à partir du génome initial d'un père $p$ unique.

De plus, la fixation est irréversible, car la probabilité conditionnelle de survie du génome initial est égale à $\lambda$ pour $n > n_m = n$ masculin, si ce génotype a été fixé à la génération $m$. Cela est donc notablement différent du cas des deux situations précédentes, où la probabilité maximale de fixation est la plus élevée à la fin de la période dans le cas de l'effectif constant, ou dans celui de l'accroissement uniforme.

*4°/ Cas où* $\lambda > 2$ *pendant* $n_1$, et $< 2$ pendant $n_2$

Le résultat est à peu près le même que dans le cas précédent, mais moins accentué.

*5°/ Cas où* $\lambda < 2$ *pendant* $n_1$, et $> 2$ pendant $n_2$

C'est le cas, très intéressant, du modèle du goulot d'étranglement. L'effet doit alors être beaucoup plus prononcé.

# Petit glossaire des termes couramment utilisés en génétique

***ADN*** : acide désoxyribonucléique. Macromolécule double brin comportant l'enchaînement des bases dont la séquence code pour les caractères héréditaires.

***ADN codant*** : partie de l'ADN codant effectivement, ou intervenant dans la synthèse des protéines et des enzymes. Chez l'Homme, de l'ordre de 95 % du matériel génétique est non codant.

***ADN mitochondrial*** (ADN*mt*) : ADN circulaire contenu à l'intérieur des mitochondries. L'ADN*mt* humain est très étudié en anthropologie moléculaire en raison de l'importance de sa variation au niveau des sites de restriction.

***ADN nucléaire*** : ADN contenu à l'intérieur du noyau cellulaire. Une petite portion du génome est concernée par l'ADN*mt*, extrachromosomique.

***Allèle*** : à un locus donné, forme particulière que prend le gène, déterminant l'un de ses états possibles.

***Analyse en composante principale*** : un exemple d'une telle analyse est donné sur la figure 10.

***Anthropologie moléculaire*** : entendue ici au sens d'anthropologie (science de l'homme) fondée sur l'étude des marqueurs ADN.

***ARN*** : acide ribonucléique. Il existe trois sortes d'ARN : l'ARN messager, l'ARN de transfert et l'ARN ribosomique.

***Arbre de longueur minimale*** : arbre parcimonieux moyen, choisi pour ses branches les plus courtes. Le principal exemple d'arbre de longueur minimale dont il est question ici est celui qui est fondé sur le polymorphisme des sites de restriction de l'ADN*mt*.

***Arbre moyen*** : arbre choisi, selon divers critères, dans un ensemble d'arbres possibles (par exemple celui dont la topologie est la plus fréquemment retrouvée, au moyen d'un programme informatique).

***Arbre phylogénique*** : un arbre phylogénique est un exemple de dendrogramme réalisé selon différentes méthodes (méthode du maximum de vraisemblance, méthode de jonction des voisins). Par analogie avec la botanique, les structures importantes d'un arbre sont : 1/ sa racine, 2/ ses branches, 3/ les modalités de dichotomie entre les diverses branches de l'arbre.

***Arbre sans racine*** : des exemples d'arbres sans racine sont donnés sur la figure 17.

***Autoradiographie*** : processus analogue à la photographie, consistant à imprégner un film par le signal radioactif d'une sonde hybridée au fragment de restriction dont elle est homologue. Les fragments de restriction ainsi visualisés sont repérables sous forme de bandes sur les autoradiogrammes correspondants.

***Banque d'ADN*** : ensemble des clones obtenus pour un organisme, un tissu, ou un chromosome donné. L'exemple cité ici correspond à la banque des clones d'ADN du chromosome Y.

***Bases*** (de l'ADN) : terme employé ici pour désigner les bases hétérocycliques de l'ADN. Il existe deux catégories de bases, les bases puriques (dérivée du noyau purine) = l'adénine (A) et la guanine (G) ; les bases pyrimidiques (dérivées du noyau pyrimidine) = la cytosine (C) et la thymine (T). Les paires de bases (pb) sont les bases appariées entre brins complémentaires d'ADN.

***Carte de gènes*** : représentation physique de la disposition des gènes voisins les uns des autres et de leur longueur dans une région donnée du génome. L'exemple donné ici est celui de la carte des gènes d'ADN*mt*.

***Carte de restriction*** : ordre des sites de restriction (polymorphes dans le cas présent) dans une région donnée d'ADN. L'un des exemples importants dont il est question ici est l'ordonnancement des sites polymorphes au niveau de la famille des gènes β-globine.

***Centimorgan*** : unité de distance équivalant à une probabilité de recombinaison de 1 % par méiose, et correspondant approximativement à $10^6$ pb.

***Chromosome*** : dans le noyau cellulaire, complexe nucléoprotéique (formé d'ADN et de protéines histones) apparaissant au microscope sous la forme de bâtonnets lors de la division cellulaire. L'Homme possède 22 paires de chromosomes homologues (provenant chacun de l'un des parents), numérotées par ordre de taille décroissante. Outre ces autosomes, il possède aussi une paire d'hétérosomes (chromosomes sexuels X et Y). Chaque chromosome comporte un bras court et un bras long, délimités par le centromère (point d'attache des fibres du fuseau achromatique lors de la division cellulaire).

***Chromosomes homologues*** : les deux chromosomes d'une même paire.

***Chromosome Y*** : chromosome sexuel porteur des gènes de masculinité. Euchromatique (propriété tinctoriale) sur son bras court et sur la partie proximale (voisine du centromère) de son bras long, il est hétérochromatique (prend mal les colorants) sur la plus grande partie de son bras long. Les marqueurs polymorphes du bras long du chromosome Y appartenant aux séquences p49 ont été très étudiés par l'auteur en raison de l'importance de leur variabilité lors de l'utilisation du polymorphisme de restriction TaqI. Ces marqueurs ont permis l'étude de la composante paternelle de notre hérédité, de même que ceux de l'ADN*mt* permettent celle de la composante maternelle.

***Cladogramme*** : arbre. Terme utilisé ici en synonymie avec celui de dendrogramme.

***Coalescence*** : méthode d'étude de la généalogie d'un gène.

***Cline*** : gradient géographique continu de variation d'une fréquence allélique.

***Clone*** : ensemble de séquences identiques obtenues par génie génétique utilisant le procédé de multiplication.

***Complément chromosomique*** : ensemble des chromosomes du génome.

***Complémentarité*** (des bases de l'ADN) : capacité des bases de l'ADN de s'apparier spécifiquement entre molécules des deux brins complémentaires. A s'apparie avec T, et G avec C.

***Conversion*** : modalité de recombinaison génétique où l'échange entre brins n'est pas réciproque ; il en résulte localement l'élimination de l'un des deux brins et son remplacement par une copie de l'autre brin. Ce processus a été invoqué pour expliquer l'apparition de nouveaux allèles au cours de l'évolution (exemple des gènes β-globine cité ici).

***Crossing over*** : terme de langue anglaise concernant l'échange réciproque de portions chromosomiques entre chromosomes homologues lors de la méiose.

***Dénaturation*** (de l'ADN) : séparation des deux brins de la molécule d'ADN sous l'influence de la température ou d'agents chimiques dénaturants.

***Dendrogramme*** : schéma construit sur la base de calculs de distances génétiques permettant de visualiser la ressemblance entre populations ou espèces différentes. Un exemple de dendrogramme est donné dans ce livre à l'occasion de la comparaison des fréquences haplotypiques des sites de restriction dans la région de la famille des gènes β-globine.

***Dérive génétique*** : en condition d'effectif réduit, biais d'échantillonnage dans la population des gamètes qui sert à constituer la génération suivante, entraînant une variation des fréquences alléliques (d'autant plus importante que l'effectif est réduit).

***Déséquilibre de liaison*** : écart constaté dans certains cas entre la fréquence observée des différents types de gamètes et celle attendue dans l'hypothèse de l'indépendance des gènes sur les chromosomes.

***Différenciation*** (des populations) : les groupes comparés sont d'autant plus différenciés génétiquement que les séquences de leurs allèles ou haplotypes divergent.

***Diploïdie*** : état correspondant à la possession pour chaque individu de deux lots chromosomiques (d'origine respectivement paternelle et maternelle). Les lots haploïdes du génome humain sont représentés ici par l'ADN mitochondrial et le chromosome Y.

***Distance génétique*** : ici grandeur (*D*) du degré de dissemblance génétique entre deux populations ou groupes d'individus sur la base des mesures de fréquences alléliques ou haplotypiques. Plusieurs mesures de distances ont été proposées ; les exemples dont il est question ici concernent la distance de Nei et celle qui est fondée sur le calcul du $\chi^2$. Le terme de distance génétique est également utilisé pour mesurer les relations de proximité/éloignement entre les gènes d'un même chromosome.

***Divergence*** : pourcentage de différence entre deux séquences nucléotidiques comparées.

***Diversité*** : ici, diversité allélique ou des haplotypes, synonyme de la mesure de cette variation.

***Effectif*** (d'une population) : nombre *N* déduit, dans une population de taille limitée, du nombre de reproducteurs masculins et féminins.

***Effet fondateur*** : en condition de dérive génétique aléatoire, influence de la constitution allélique du petit nombre (un seul couple à la limite) d'individus qui participent à la formation d'une population en une aire de nouvelle colonisation.

***Electrophorèse*** : technique de séparation des fragments de restriction par migration des molécules dans un gel sous l'influence d'un champ électrique. Les fragments sont individualisés les uns des autres sur la base de leurs tailles (longueur des fragments de restriction), en fonction de leurs mobilités différentielles. Les gels utilisés sont les gels d'agarose pour la séparation des fragments de grande taille (entre 25 et 1 kb), et les gels de polyacrylamide (qui permettent une haute résolution) pour les fragments de plus petite taille.

***Enzyme de restriction*** : nucléase (enzyme coupant l'ADN) spécifique (ne la coupant qu'en certains sites particuliers) reconnaissant l'ADN double brin en ces sites particuliers, et coupant au niveau de ces sites.

***Évolution*** (d'une population) : changements dans les fréquences alléliques ou haplotypiques d'une population au cours du temps.

***Famille*** (de gènes) : concerne un ensemble de plusieurs gènes (et pseudogènes) de fonctions semblables localisées à proximité les unes des autres le long d'un chromosome. L'exemple proposé ici (en raison de son importance en anthropologie moléculaire) est celui de la famille des gènes β-globine le long du chromosome n° 16.

***Filiation*** : lien de descendance directe entre individus, ou entre haplotypes.

***Flux génique*** : déplacement de gènes d'un groupe vers un autre.

***Fragments de restriction*** : portions d'ADN résultant de la coupure de cette molécule par une enzyme de restriction.

***Fréquence*** (allélique) : au sein d'une population, rapport du nombre d'individus présentant un génotype donné au nombre total d'individus.

$F_{st}$ : paramètre spécial d'étude de la variation (variance de Wahlund).

***Gamète*** : cellule reproductrice haploïde : le spermatozoïde chez l'homme et l'ovule chez la femme.

***Gène*** : séquence nucléotidique constituant une unité d'information génétique.

***Généalogie*** : au sens strict, suite des ascendants d'un individu. Terme utilisé ici, par extension, à la représentation graphique de phylogénies d'haplotypes.

***Génération*** : ensemble d'individus descendant d'un ancêtre commun. En fait, ce terme est pris en synonymie avec l'intervalle de génération, ou même encore avec leur nombre *n*.

***Génétique des populations*** : partie de la génétique consacrée à l'étude des variations héritables au sein des populations, de leurs changements dans l'espace et le temps sous l'influence de l'évolution.

***Génétique moléculaire*** : science de l'hérédité, étudiée ici au niveau de la molécule d'ADN. Cette science s'est développée depuis une quinzaine d'années, grâce au développement des techniques de génie génétique.

***Génie génétique*** : ensemble des concepts, méthodes et techniques, permettant d'isoler, de caractériser, d'amplifier, de modifier et de réparer le matériel génétique.

***Génome*** : ensemble des gènes d'un organisme. Le génome humain comporte $3{,}5 \times 10^9$ pb.

***Génotype*** : formule génétique d'un individu révélée par analyse moléculaire. Les individus peuvent être homozygotes (deux allèles identiques à un locus) ou hétérozygotes (deux allèles différents).

***Haplotype*** : ensemble de combinaisons de marqueurs liés.

***Hémoglobine*** : protéines intervenant dans le transport de l'oxygène du sang, et constituées de plusieurs chaînes globines de différents types.

***Hétérozygotie moyenne*** : moyenne des fréquences des individus hétérozygotes à chaque locus (*H*).

***HLA*** : système des antigènes d'histocompatibilité situés sur la membrane des lymphocytes.

***Horloge moléculaire de l'évolution*** : théorie selon laquelle les mutations ponctuelles s'accumuleraient dans un gène donné à un taux constant.

***Hybridation moléculaire*** : formation artificielle de molécules d'ADN double brin par appariement entre séquences nucléotidiques complémentaires des brins différents.

***Identité génétique (I)*** : la notion d'identité génétique adoptée ici concerne la mesure de similitude, selon laquelle deux allèles (ou haplotypes) dérivent sans mutation d'un même allèle (ou haplotype) ancêtre.

***Kilobase (kb)*** : 1 000 paires de bases (pb).

***Liaison*** : association de gènes due à leur présence sur un même chromosome.

***Lignée*** : groupe de filiation dont les membres sont considérés comme descendant d'un ancêtre commun qu'il est possible de retrouver en remontant les générations.

***Locus*** : emplacement occupé par un gène sur un chromosome.

***Marqueur ADN*** : site variable de l'ADN, et dont la variation est utilisée comme traceur dans les généalogies ou les populations.

***Marqueur génétique*** : caractère variable observable et à déterminisme génétique relativement simple. Les marqueurs hyperpolymorphes correspondent à des caractères hautement variables. La notion de marqueurs anonymes renvoie à la variation de parties d'ADN non codantes.

***Matériel génétique*** : ensemble des structures moléculaires porteuses de l'information génétique.

***Méiose*** : division cellulaire particulière aboutissant à la formation des gamètes.

***Méthylation*** (de base) : modification de base, principalement la cytosine, à l'intérieur notamment des sites de restriction.

***Monocentrisme*** : théorie admettant que l'homme n'a été créé qu'en un seul endroit.

***Mutation*** : changement intervenu dans la séquence d'ADN. On parle de mutation ponctuelle si la mutation ne concerne qu'une seule base. Les **insertions** concernent l'addition d'une ou de plusieurs bases, et les **délétions** les pertes de bases.

***Neutralité*** : en génétique moléculaire, théorie selon laquelle l'essentiel du polymorphisme génétique serait la conséquence de mutations neutres ne présentant aucune valeur adaptative particulière.

***Nucléotide*** : ester phosphorique du complexe constitué par une base nucléique et un sucre. On appelle dinucléotide l'ensemble de deux nucléotides qui se suivent sur un brin d'ADN ; le mot doublet (utilisé ici au sujet du dinucléotide CG) à la même signification.

***Parcimonie*** (principe de) : hypothèse d'économie selon laquelle les changements de base lors des mutations ponctuelles de l'ADN se réaliseraient à travers le plus petit nombre d'étapes possible.

***Phylogénie*** : reconstitution hypothétique de l'évolution des allèles ou des haplotypes en les faisant dériver les uns des autres (des plus ancestraux aux plus récents).

***Point chaud de mutation*** : région du génome particulièrement mutable.

***Polycentrisme*** : théorie admettant que l'homme a été créé en plusieurs lieux de façon indépendante.

***Polymorphisme*** (de l'ADN) : caractère des variants ADN (qui peuvent se présenter sous différentes formes) dans une population d'individus.

***Polymorphisme de restriction*** : polymorphisme au niveau des sites de restriction ; tel site peut être présent ou absent selon les individus. Au cours de l'évolution, on parle de gains (apparitions) ou de pertes (disparitions) de sites de restriction. L'expression « polymorphisme de restriction » est en fait une abréviation de « **polymorphisme de longueur des fragments de restriction** (PLFR) » .

***Population*** : ensemble d'individus vivant au même endroit à la même époque, et potentiellement capables de se croiser.

***Programme PAUP*** : Programme, auquel il est souvent recouru, d'« Analyse Phylogénique Utilisant la Parcimonie ».

***Pseudogène*** : gène altéré non fonctionnel.

***Réaction de polymérisation en chaîne*** : technique récemment utilisée permettant l'obtention d'une relativement grande quantité d'ADN à partir d'un petit nombre de molécules cibles.

***Recombinaison*** : formation de nouvelles combinaisons d'allèles par échange entre chromosomes paternels et maternels lors de la méiose.

***Région de régulation*** (= séquence de contrôle) ***de l'ADNmt*** : portion particulière de l'ADN mitochondrial souvent étudiée par séquençage comparé (car hyperpolymorphe selon les individus).

***Réseau*** : la filiation des haplotypes du chromosome Y est donnée sous la forme d'un réseau ; il s'agit en fait d'un réseau orienté (ici au cours du temps), qui est une structure voisine d'un arbre.

***Réversion*** : mutation faisant retour à l'état initial.

***Sélection*** : action exercée au sein d'une population par un facteur conférant un avantage ou un désavantage sélectif à certains génotypes ou haplotypes.

***Séquençage*** (de l'ADN) : détermination de l'ordre des nucléotides le long d'un brin de la molécule d'ADN. Une technique récemment développée permet le séquençage direct de l'ADN après amplification génique.

***Séquence*** (d'ADN) : ordre des bases le long d'un brin d'ADN.

***Séquences d'ADN hypervariables*** : régions de l'ADN comportant des séquences courtes répétées, qui favorisent l'existence (selon les individus) d'un polymorphisme multi-allélique par variabilité du nombre des copies du même motif.

***Séquences répétées*** : régions du génome caractérisées par la répétition en tandem d'une même séquence d'ADN. Les répétitions CA sont en particulier très polymorphes d'un individu à un autre.

***Site de restriction*** : séquence spécifique d'ADN de courte taille reconnue par une enzyme de restriction particulière, qui coupe à ce site.

***Sonde*** : séquence spécifique d'ADN, marquée (le plus souvent par radioactivité) et utilisée pour la détection d'une séquence complémentaire (le plus souvent par hybridation après buvardage, selon la méthode de Southern).

***Substitution*** (de base) : mutation ponctuelle aboutissant au remplacement d'une base de l'ADN par une base différente. On parle de ***transition*** lorsque la nouvelle base relève de la même catégorie que la précédente, et de ***transvertion***

lorsqu'elle relève d'une catégorie différente (ces catégories sont les bases puriques ou pyrimidiques).

***Taux de mutation*** : nombre de mutations caractérisant chaque cellule d'un organisme à chaque génération.

***Taux de polymorphisme*** : rapport du nombre de locus polymorphes au nombre total de locus étudiés dans une population.

***Topologie (d'un arbre)*** : ensemble des formes que peut prendre un arbre.

***Transposition*** : passage de matériel génétique entre individus d'espèces différentes.

***Triplet*** (de bases) : ensemble de trois bases qui se suivent le long d'un brin de l'ADN. Le mot *codon* désigne les triplets de bases codant pour un acide aminé (unité élémentaire des protéines).

***Types*** : combinaisons particulières d'haplotypes. Cette nomenclature a notamment été utilisée pour étudier l'ADN*mt*.

***Variance*** : paramètre statistique permettant d'étudier la variation.

***Variant*** : génotype différent.

# A propos du titre de l'ouvrage et de l'illustration de la couverture

Le titre de ce livre a été emprunté à Alexandre Dorozynsky, qui, dans un éditorial remarquable d'il y a quelques années, avait attiré le premier l'attention du public français sur l'importance des recherches actuelles de biologie moléculaire appliquée au problème de l'origine de notre espèce *Homo sapiens*. Selon ces études, le lecteur le sait maintenant, nous proviendrions du continent africain. Dans cette perspective, la première femme présentait vraisemblablement une couleur de peau noire, la pigmentation mélanique corporelle très foncée du corps et du visage constituant une protection efficace contre le rayonnement solaire.

L'image de la couverture donne une interprétation de ce qu'aurait pu être le visage de l'Ève du célèbre diptyque de Dürer s'il avait su que la première femme était africaine.

Je remercie la revue *Science et Vie* de m'avoir autorisé à la reproduire.

# Table des matières

www.ingramcontent.com/pod-product-compliance
Lightning Source LLC
LaVergne TN
LVHW010942061026
849535LV00007B/2529